Sofie Meys

Nützlinge im Garten fördern

Schmetterlinge, Wildbienen, Singvögel & Co.

Leopold Stocker Verlag
Graz – Stuttgart

Umschlaggestaltung: Werbeagentur Rypka GmbH, A-8143-Dobl
Titelbilder: iStock.com/MikeLane45 (großes Bild), Willgard Krause (links unten), Sofie Meys (rechts unten)
Bildnachweis: Willgard Krause: S. 11, 20 links, 22, 49 rechts, 67 oben links, 68, 75, 85, 93, 94, 98, 101 oben, 102 rechts, 104, 105, 116, 123, 125, 126, 127, 128, 129 oben und unten, 136 unten links, 140, 144, 147; Andrea Meys: S. 19 unten rechts, 54, 59 unten, 163 unten; Corinna Meys: Skizze S. 25, Skizze S. 37; Ben Jacek: S. 100; Franz Bauske: S. 31, 142; Franz Gasser: S. 37 Mitte; Celina Gronemann: S. 44; Heike Gros: S. 73 rechts; Tamara Wallerich: S. 76; Antje Pietsch: S. 122, 165; Manfred Vaeth: S. 141, 148, 172, 173; Stefanie Lieb: S. 151, 156 unten links und unten rechts; Jens Lachenmaier: S. 158 rechts, 159; Helmut Nikelis: S. 164, 169, 171. Alle anderen Abbildungen und Skizzen stammen dankenswerterweise von der Autorin.

Bibliographische Information der Deutschen Nationalbibliothek
Die Deutsche Nationalbibliothek verzeichnet diese Publikation in der Deutschen Nationalbibliographie; detaillierte bibliographische Daten sind im Internet über http://dnb.d-nb.de abrufbar.

Hinweis:
Dieses Buch wurde auf chlorfrei gebleichtem Papier gedruckt. Die zum Schutz vor Verschmutzung verwendete Einschweißfolie ist aus Polyethylen chlor- und schwefelfrei hergestellt. Diese umweltfreundliche Folie verhält sich grundwasserneutral, ist voll recyclingfähig und verbrennt in Müllverbrennungsanlagen völlig ungiftig.

Auf Wunsch senden wir Ihnen gerne kostenlos unser Verlagsverzeichnis zu:
Leopold Stocker Verlag GmbH
Hofgasse 5 / Postfach 438
A-8011 Graz
Tel.: +43 (0)316/82 16 36
Fax: +43 (0)316/83 56 12
E-Mail: stocker-verlag@stocker-verlag.com
www.stocker-verlag.com

ISBN 978-3-7020-1929-7

Layout und Repro: Werbeagentur Rypka GmbH, A-8143-Dobl

INHALT

EINLEITUNG

Erfreulicherweise steigt die Anzahl der Menschen, die den Wunsch haben, in ihrem Garten etwas für den Natur- und Artenschutz zu tun, wieder an.

Aus rein dekorativen Show-Gärten sollen quicklebendige Lebensräume für nützliche Wildtiere werden, wobei das eine doch das andere nicht zwangsläufig ausschließen muss. Schön ist schließlich, was dem Auge des Betrachters gefällt.

Eine Trockenmauer mit Nischen für Kröten oder Blindschleichen und einem warmen Platz zum Sonnen für Eidechsen ist mit Sicherheit dekorativ und nützlich zugleich. Blühende und fruchtende Hecken aus dornigen Nistgehölzen, wie etwa Weißdorn, Feuerdorn oder Wildrosen, verleihen dem Garten Struktur und Charakter, darüber hinaus bieten sie vielen Vögeln einen sicheren Nistplatz.

Als Höhepunkt eines jeden Gartens beschert ein heimischer Baum vielen nützlichen Tieren im Garten Nahrung und Lebensraum zugleich und dem Gärtner ein schattiges Plätzchen an heißen Tagen.

Ein Vorgarten, der zugleich gepflegt sowie nützlingsgerecht angelegt wurde

Der bekannte Ausspruch „Man schützt nur, was man kennt“ hat in Bezug auf die Nützlingsförderung im eigenen Garten eine besondere Bedeutung, gehen die Meinungen, was ein Nützling oder ein Schädling ist, doch meist recht weit auseinander.

Selbstverständlich sind Krankheiten übertragende Tiere, wie etwa der Rattenfloh oder die blutsaugende Zecke, eindeutig als Schädlinge einzustufen. Bei Nacktschnecke, Wespe oder Feldmaus besteht bei manch einem Gartenfreund jedoch durchaus noch Diskussionsbedarf, ob diese nun als nützlich oder schädlich anzusehen sind.

Beschäftigt man sich allerdings näher mit der interessanten Welt der Hautflügler, zu denen auch die manchmal so lästigen Wespen gehören, wird man recht schnell feststellen, dass deren nützliche Eigenschaften überwiegen und wir diese Tiere mit Ehrfurcht und Respekt behandeln sollten. Ähnlich sieht es mit der interessanten Welt der Schnecken aus und Mäuse im Garten sind ebenfalls kein Grund, in Panik auszubrechen, dienen die Tiere doch recht vielen anderen seltenen Gartenbesuchern, wie Eulen, Bussard oder Mauswiesel, als wertvolle Nahrungsquelle. So oder so erscheint es sinnlos, nur ganz bestimmte Tiere im Garten fördern zu wollen und dabei das „Große Ganze“ aus dem Auge zu verlieren.

Viele Zusammenhänge wie auch Abhängigkeiten der Tierarten untereinander sind nicht immer gleich erkennbar, sodass wir uns also getrost darüber freuen dürfen, wenn der Nistkasten, den wir für Meisen aufgehängt hatten, von einer Feldwespe bezogen wird oder gar eine hübsche Brandmaus dort eingezogen ist.

HINWEIS!

Ein Mehr an Arten, die wir im Garten fördern, bedeutet in jedem Fall auch ein Mehr an Nützlingen!

Ein Schachbrettfalter teilt sich die Blüte einer Wiesenflockenblume mit einer Hummel.

BESORGNISERREGENDER ARTENSCHWUND

Bereits seit den 1980er-Jahren wird von einem Rückgang der Arten in großen Teilen Europas gesprochen. Vor allem das Insektensterben beunruhigt die menschliche Rasse. Schließlich sind doch 84 % der wichtigsten Anbaupflanzen in Europa auf die Bestäubungsleistung der Insekten angewiesen. Und auch hier zeigt sich eindrucksvoll, wie stark die Abhängigkeiten der Tiergruppen untereinander sind, da doch die Abnahme der Insekten gleichbedeutend auch mit der Abnahme der Vogelpopulationen wie auch aller insektenfressenden Kleinsäuger ist. Darüber hinaus ist der Rückgang der Artenzahl von Insekten wie auch deren Anzahl insgesamt gleichbedeutend mit einer Abnahme der Biomasse weltweit. Insekten spielen eine bedeutende Rolle bei der Remineralisierung organischer Stoffe im Boden, in der Bodenspreu und in anderen organischen Strukturen.

Es wird also recht schnell klar, dass unsere ausgeräumte und überstrapazierte Natur jede Hilfe gebrauchen kann!

Die gesamte Gartenfläche, etwa in Deutschland, zusammenaddiert, hat eine Fläche so groß wie ganz Schleswig-Holstein. Und jeder Beitrag zum Arten- und Naturschutz im eigenen Garten – und sei dieser noch so klein – kann daher etwas bewirken!

Wer einmal beobachtet hat, wie sich eine Blattschneiderbiene ovale oder runde Stücke aus Laubblättern herausschneidet, um damit ihre Brutröhren zu bauen, wer eine Kreuzspinne beim Bau ihres filigranen Radnetzes bewundert hat oder sich daran erfreut, wenn eine kleine Weidenmeise an einem kühlen Herbsttag an den abgestorbenen Stängeln des Hohlzahns herumturnt, um noch ein paar Körnchen aus dessen büschelweise beieinander stehenden Samenständen zu ergattern, der weiß instinktiv, dass ein lebendiger und vielleicht auch etwas wilder Garten das Beste und Schönste ist, das jeder von uns zur Förderung der Artenvielfalt beisteuern kann.

Am besten fangen wir gleich heute mit der Nützlingsförderung im eigenen Garten an!

Ein Kleiber auf Futtersuche

ARTENSCHUTZ MIT KÖPFCHEN

Hat einen der Naturgarten-Virus erst infiziert, gibt es für einige kein Halten mehr. Manch einer möchte den gesamten Garten in ein wildes Paradies umgestalten. Dagegen ist natürlich auch gar nichts einzuwenden.

Allerdings sei doch die Frage erlaubt, ob es sinnvoll ist, eine möglichst hohe Anzahl an Kleinstlebensräumen auf engstem Raum anzubieten oder ob hier womöglich die Devise gilt: Weniger ist mehr?

So, wie in ganz Europa verschiedene Klimazonen und Landschaftsprofile existieren, so ist auch der eigene Garten eingebettet in sein natürliches Umfeld.

Je nachdem, ob sich der Garten nun in Meeresnähe, im Gebirge, in einer Flussebene oder inmitten einer Heidelandschaft befindet, so werden sich auch die ihn umgebende Flora und Fauna dementsprechend zusammensetzen.

Es macht also aus Naturschutzgründen wenig Sinn, in einem feuchten Flusstal einen alpinen Garten anzulegen oder auf einer windigen Hochebene lichtempfindliche Schattenpflanzen zu kultivieren.

Bei den Gehölzen wählt man bestenfalls diejenigen aus, die mit den vorhandenen Klima- und Bodenverhältnissen am besten klarkommen.

Erlen und Weiden, die in der Nähe zum Wasser bestens gedeihen, würden in einem trockenen, steinigen Umfeld nur vor sich hin kümmern oder ein Übermaß an Pflege benötigen.

HINWEIS!

Darüber hinaus macht die Anlage eines Biotops nur dann Sinn, wenn dieses mit anderen Biotopen vernetzt ist, wenn also ähnliche Lebensräume in erreichbarer Nähe zum eigenen Garten vorhanden sind!

Bei der Gestaltung eines Naturgartens sollte man unbedingt auch die natürlichen Gegebenheiten der den Garten umgebenden Landschaft berücksichtigen!

STANDORTANALYSE

Der erste Schritt in Richtung **„Naturnaher Wildgarten mit etlichen Angeboten für die heimische Tierwelt“** wäre demnach, zunächst das eigene Umfeld zu analysieren.

Dabei sind Fragen zu beantworten wie etwa:

- **Welche Lichtverhältnisse sind im Garten vorhanden?**
  Ist der Garten überwiegend sonnig, schattig oder gibt es ganz unterschiedliche Bereiche?

- **Welche Gehölze wachsen im näheren Umfeld?**
  Auflistung der regional vorkommenden Bäume und Sträucher

- **Welches Klima herrscht vor?**
  Sind die Winter eher mild? Liegt der Garten eher geschützt oder ist er recht häufig kalten Winden und Frösten ausgesetzt.

- **Wie ist der Boden beschaffen?**
  Ist der Boden eher sandig-leicht oder nährstoffreich und lehmig? Gibt es sumpfige Bereiche oder einen natürlichen Hügel?

- **Welche Biotope sind in erreichbarer Nähe zum Garten vorhanden?**
  Gibt es Feuchtgebiete, Wälder, Heidelandschaften, Trockenrasen, felsiges Terrain usw. in der Nähe des Gartens?

- **Welche Wildtiere kommen in der Region vor?**
  Eigene Beobachtungen sowie die Befragung von Nachbarn sind hier hilfreich.

- **Welche Tiere bzw. Tiergruppen möchte ich im Garten fördern?**
  Möchte ich mich auf eine bestimmte Tiergruppe, wie etwa Insekten, Vögel oder Reptilien, konzentrieren, denen ich spezielle Angebote machen möchte, oder soll einfach jedes Tier in meinem Garten willkommen sein?

Die Antworten auf all diese Fragen führen uns einerseits zu den Pflanzen, die am Standort gedeihen, andererseits auch zu den Biotopen, die in unserem Garten entstehen könnten.

Bevor wir zur Tat schreiten, macht es Sinn, eine einfache **Skizze** anzufertigen.

Darauf tragen wir grob ein, wo sich Gebäude, Zufahrten, Wege, Terrassen oder bereits vorhandene Gartenelemente, wie etwa Hecken, Kompostplatz etc., befinden. Hier können auch die Standorte beschrieben werden, also, ob es sich um schattige, steinige oder feuchte Bereiche handelt. Und natürlich kann hier auch schon eingetragen werden, was noch entstehen soll, also wo etwa eine Hecke oder ein Baum gepflanzt werden soll.

Auf der Skizze sollte generell viel Platz für eigene Eintragungen sein. So entstehen recht schnell eigene Ideen und Wünsche, was die Gestaltung und Bepflanzung des naturnahen Traumgartens betrifft.

Gleichgültig, ob man bei der Gartengestaltung noch ganz am Anfang steht oder ob der Garten im Großen und Ganzen schon „fertig“ ist, besteht immer Raum für neue Ideen und Umgestaltungen, denn im eigentlichen Sinne „fertig“ ist ein Garten nie. Er lebt, wächst und verändert sich in jeder Minute.

Durch unser gärtnerisches Geschick haben wir jederzeit die Möglichkeit, ein noch vielseitigeres und lebendigeres Gartenbiotop zu gestalten.

Gerade im Hinblick auf die Nützlingsförderung im eigenen Garten können kleine Aktionen häufig schon sehr viel bewirken. Unsere wundervolle Fauna mit Vögeln, Insekten, Reptilien, kleinen Säugetieren oder Amphibien dankt es uns mit ihrer beglückenden Anwesenheit, wenn wir ihnen Nahrung, Lebensraum und Schutz im Garten zur Verfügung stellen.

Doch ist nicht alles überall möglich, wie wir nun feststellen mussten, und so könnte man das Ziel, Nützlinge im Garten bestmöglich zu fördern, auch folgendermaßen definieren:

HINWEIS!

Der ideale Naturgarten zur Förderung nützlicher Wildtiere stellt eine Art idealisiertes Abbild der den Garten umgebenden Landschaft dar!

Auf welche Weise und mit welchem künstlerischen Können man eine Skizze des eigenen Gartens erstellt, spielt eine eher untergeordnete Rolle und bleibt jedem selbst überlassen. Wichtig wäre, bereits Vorhandenes von noch in Planung Befindlichem zu unterscheiden, im Beispiel rechts durch blaue (= vorhandene Elemente) und rote Zahlen (= geplante Elemente)!

Bereits vorhanden (blaue Zahlen)
1 = Wohngebäude
2 = Terrasse
3 = Hofbaum vor dem Haus (Spitzahorn)
6 = Wildstauden und Wildblumen für den schattigen Standort
7 = Sichtschutzwand aus Holz
10 = Kompostplätze
12 = Blumenrasen, 4–6 x im Jahr mähen
13 = Formschnitthecke (Hainbuche)
16 = Wildkrautecke (Brennnesseln u. a.)
17 = Laubbaum (Eiche)
18 = Beerensträucher
22 = Blumenbeete
23 = Gartenteich
24 = Gartenweg
25 = Nutzgarten

Fortsetzung der Legende auf S. 16

In Planung (rote Zahlen)
4 = Insektennisthilfen
5 = Sandfläche für am Boden nistende Wildbienen
8 = Nistkästen für Vögel u. a.
9 = Blumenwiese, 2 x im Jahr mähen
11 = Obstbäume
14 = Frucht tragende Wildsträucher (Schlehe, Traubenkirsche u. a.)
15 = Wildblumensaum
19 = Lesesteinhaufen
20 = Totholzhaufen
21 = Doppelwandiger Trockenmauerwall

Auf einem doppelwandigen Trockenmauerwall kann sogar Gemüse gedeihen, wenn man ihn in einer entsprechenden Breite gebaut hat!

EINE GUTE PFLANZENBASIS BILDEN

Die Geburt eines neuen Naturgartens beginnt meist mit den darin geförderten Pflanzen.

Was für manche Menschen nur Unkraut oder unliebsamer Wildwuchs ist, kann für viele Tiere eine wichtige Überlebensgrundlage sein.

Absolute Neulinge im Bereich des Natur- und Artenschutzes tun daher gut daran, sich zunächst mit den Pflanzen des Gartens wie auch den Pflanzen des Gartenumlands zu befassen. Auf Spaziergängen sollte man möglichst immer eine Kamera dabeihaben, denn die gemachten Fotos können hilfreich sein, um sich zuhause mit Hilfe von Büchern oder Webseiten im Internet in der Pflanzenbestimmung zu üben.

Die Wildpflanzen der nachfolgenden Liste gelten als gute Basisausstattung für einen Naturgarten. Sie haben ganz allgemein einen Nutzen für die unterschiedlichsten tierischen Gartenbesucher und haben rund ums Jahr etwas Nahrhaftes zu bieten.

Häufig kommen die Pflanzen früher oder später von selbst in den Garten, da es sich größtenteils um gängige Wildpflanzen unserer Heimat handelt. Man darf hier aber gerne etwas nachhelfen, indem man eine kleine Portion Samen von Pflanzen im näheren Umfeld entnimmt und zuhause aussät. Oder man besorgt sich regionales Saatgut im Fachhandel.

Findet man untenstehende Pflanzen bereits im Garten vor und hat man die ein oder andere Art immer wieder herausgezupft, weil sie doch so unpassend und urwüchsig erschien, so wird man sie vielleicht mit anderen Augen sehen und sie beim Jäten zukünftig gerne übersehen, wenn man weiß, dass sie von den tierischen Gartenbewohnern heiß und innig geliebt wird.

Ein naturnaher Garten beherbergt viele einheimische Wildblumen und sieht noch dazu zauberhaft aus!

Empfehlenswerte Wildpflanzen für jeden Naturgarten „Feuchte Standorte“ und „Trockene Standorte“

Feuchte Standorte	Ausdauernd	Zweijährig	Einjährig	Lichtverhältnis
Bärlauch	x			schattig
Buschwindröschen	x			schattig am Fuß von Gehölzen, Boden nicht bearbeiten!
Hasenglöckchen	x			schattig
Hohlzahn			x	schattig
Knoblauchsrauke	x	x		schattig
Kuckucks-Lichtnelke	x			schattig
Lungenkraut	x			schattig
Wald-Sauerklee	x			schattig
Wasserdost	x			schattig
Wiesenschaumkraut	x			schattig
Rote Lichtnelke	x			sonnig und schattig
Gemeiner Beinwell	x			sonnig bis halbschattig
Scharbockskraut	x			sonnig bis halbschattig
Schöllkraut	x	x		sonnig bis halbschattig
Blutweiderich	x			sonnig
Mädesüß	x			sonnig
Schlüsselblume	x			sonnig
Wildrosen	x			sonnig

Der Wald-Sauerklee sprießt in feuchten Jahren sogar noch aus den engen Spalten einer Steintreppe.

Auch das Schöllkraut kommt meist von ganz alleine in den Garten, wenn der Standort ihm zusagt. Ihm werden viele heilende Kräfte nachgesagt. So soll der leicht ätzende Pflanzensaft gegen Warzen helfen.

Trockene Standorte	Ausdauernd	Zweijährig	Einjährig	Lichtverhältnis
Ruprechtskraut			x	schattig
Rundblättrige Glockenblume	x			sonnig
Färberkamille	x			sonnig
Grasnelke	x			sonnig
Stink-Hundskamille			x	sonnig
Wilde Karde		x		sonnig
Echte Kamille			x	sonnig
Klatschmohn			x	sonnig
Horn-, Wund- und Wiesenklee	x			sonnig
Königskerze		x		sonnig
Kornblume			x	sonnig
Gewöhnliches Leinkraut	x			sonnig
Margerite	x			sonnig
Natternkopf		x		sonnig
Wilde Resede	x			sonnig
Ausdauernder Lein, Staudenlein	x			
Sonnenröschen	x			sonnig
Wildes Stiefmütterchen	x		x	sonnig
Rote und Weiße Taubnessel	x		x	sonnig bis halbschattig
Thymian	x			sonnig
Winterhartes Bohnenkraut	x			sonnig

Der Traum von der blühenden Mohnwiese kann sogar im kleinsten Garten in Erfüllung gehen, indem man kleinere Blühinseln herrichtet. Dazu wird der Boden mit Sand und Kies abgemagert und mit Wildblumensamen eingesät.

An der Wilden Karde tummeln sich zur Blütezeit unzählige Insekten, wie hier im Bild eine Steinhummel.

Die Blüten des Beinwell ziehen vor allem Hummeln magisch an.

Ganz bezaubernd: Kuckucks-Lichtnelken in einer Feuchtwiese

Ein Zitronenfalter labt sich am Blutweiderich.

Wildbienenbesuch bei der Färberkamille.

An sonnigen Tagen duften Kornblumen einfach unwiderstehlich.

Die blauen Blüten des Staudenleins sind ein echter Hingucker sowie Bienenmagnet.

BEGINNEN WIR DOCH GANZ IM KLEINEN – BEI DEN INSEKTEN

Insekten besiedeln unseren Planeten in solch großer Anzahl und unübersichtlichem Artenreichtum, dass man noch vor wenigen Jahrzehnten allgemein glaubte, dass man diese Tiergruppe nicht auch noch fördern müsste!

Annähernd eine Million Insektenarten sind bisher wissenschaftlich beschrieben worden.

Deren tatsächliche Anzahl dürfte sogar noch um ein Vielfaches höher liegen, da vor allem in den tropischen Regenwäldern noch weitere Millionen unentdeckte Arten vermutet werden.

Mehr als 60 % aller beschriebenen Tierarten sind Insekten!

Und doch ist heute eingetreten, was uns vor einigen Jahrzehnten noch unmöglich erschien: Die mannigfaltige Welt der Insekten und deren ursprüngliche Vitalität scheint mit einem Mal verwundbar zu sein. Und die Menschheit steht etwas ratlos da und rätselt über die Gründe des weltweiten Insektensterbens.

Die Wildbienenbestände gehen weltweit zurück. Hier besteht dringender Handlungsbedarf!

Mitte Mai herrscht an schönen Tagen bereits Hochbetrieb an den Stöcken der Honigbienen.

Besonders deutlich sichtbar ist dieser Rückgang bei den Beständen von Wild- und Honigbienen, da sie doch zu den wichtigsten Bestäubern unserer Kulturpflanzen gehören.

Und es wurden auch schon einige Gründe ausgemacht, die zu diesem gravierenden Rückgang der fleißigen Blütenbestäuber geführt haben:

Ein europäischer Untersuchungsausschuss fand Folgendes heraus: Die größte Bedrohung für die hiesigen Bienenbestände scheint im Verschwinden oder einer Verschlechterung ihrer Lebensräume zu liegen. Als Hauptursache wird die Intensivlandwirtschaft genannt, damit einhergehend vor allem die veränderten landwirtschaftlichen Verfahren, wozu auch der Einsatz von Insektiziden und Düngemitteln gehört, sowie die Konzentration auf Silageerzeugung anstelle von Heuerzeugung.

Inwieweit auch die überall in Europa wachsende Anzahl an Windparks zur deutlichen Reduzierung von Insekten- und Vogelbeständen beitragen, müsste noch weit besser untersucht werden. Dass an den Windrädern, die sich mit sehr hoher Geschwindigkeit bewegen, täglich unzählige Insekten wie auch Vögel den Tod finden, ist in jedem Fall unbestritten!

WELCHE INSEKTEN SOLLEN GEFÖRDERT WERDEN?

Bei der Förderung einer reichen Insektenwelt in unseren Gärten können wir recht vielseitig aktiv werden. Selbst im kleinen Reihenhausgarten oder sogar auf dem Balkon ist aktiver Insektenschutz möglich.

Zum einen können wir die gut sichtbaren, mehr oder weniger „großen“ Insekten fördern, wozu die umfangreiche Gruppe der Hautflügler mit Bienen, Hummeln und Wespen ebenso gehören wie auch Schmetterlinge, Libellen, Käfer und Schwebfliegen, indem wir ihnen Nistplätze, Nahrungspflanzen und Überwinterungsmöglichkeiten in unseren Gärten zur Verfügung stellen.

Zum anderen können wir auch die versteckt, also unter der Erde lebenden Insekten fördern, indem wir unseren Boden im Garten in besonderer Weise pflegen. Dieser zweite Aspekt des Insektenschutzes wird leider von sehr vielen Gärtnern arg vernachlässigt und führt dabei allgemein zu Recht vielen Problemen beim Gärtnern.

Vor allem im Nutzgarten sollte der Gartenboden nie unbedeckt sein. Notfalls kann mit Heu, Stroh, Grasschnitt oder Häcksel gemulcht werden.

Bodenschutz = Insektenschutz

Ein fruchtbarer Gartenboden liegt niemals nackt und unbedeckt da. Er wird stets von einer Pflanzendecke und/oder organischem Material bedeckt!

Vollblut-Gärtner pflegen ihren Gartenboden mit viel Sorgfalt und Hingabe, da sie um die vielen kleinen Helfer im Erdreich wissen, die beständig mit der Produktion von wertvollem

Humus beschäftigt sind. Dabei sind es nicht nur die Regenwürmer, die hier so nutzbringend tätig sind, indem sie abgestorbenes Material in nährstoffreiche Erde verwandeln.

Neben ihnen existiert im und auf dem Boden ein überaus großes Heer an Bodenorganismen, also Bakterien und Pilze ebenso wie auch unzählige Insekten, die im Boden aktiv sind, bei der Umwandlung von organischer Materie mitwirken sowie für die Lockerung und Durchmischung des Erdreichs mitsamt seiner stabilen Krümelstruktur sorgen. Winzige Fadenwürmer wären hier ebenso zu nennen, wie auch Nematoden, Springschwänze, Asseln oder Vielfüßer (Myriapoden). Zu letzteren zählen die bekannten Hundert- und Tausendfüßer.

Damit die gesamte Bodenfauna optimale Arbeitsbedingungen vorfindet, sollten wir, die Gärtner, den Boden stets mit einer dünnen Pflanzen- oder Mulchschicht bedeckt halten, bestenfalls auch noch eine florierende Kompostwirtschaft betreiben und generell dulden, dass auch das Herbstlaub unter Hecken oder Bäumen, wenigstens zum Teil, dort liegen bleiben darf.

Dass es hier in Bezug auf im Boden nistende Wildbienen und Wespen jedoch Ausnahmen geben darf, erfahren wir ab S. 46 ff. (Sandarium).

Libellen im Garten – einfach nur zauberhaft!

WIE SIEHT EIN INSEKTENFREUNDLICHER GARTEN AUS?

Für einen übertriebenen Ordnungssinn ist im insektenfreundlichen Garten kaum Platz! Geduldet werden können selbstverständlich aufgeräumte Bereiche, wie kurz geschorene Rasenflächen, Kieswege oder ein paar reine Zierbeete. Wenn genug Platz vorhanden ist, muss nichts gegen die ordnende Gärtnerhand sprechen.

Wessen Leidenschaft für einen artenreichen Naturgarten jedoch einmal entfacht ist, der wird mit der Zeit von ganz alleine großzügiger, was das Vorhandensein von etwas Wildnis im Garten betrifft. Er oder sie wird die am Zaun rankende Zaunrübe gewähren lassen, weiß man doch, dass die gesellig im Boden brütende Zaunrüben-Sandbiene (*Andrena florea*) einzig von dieser Pflanze lebt und ihr Vorkommen daher eng an das Vorhandensein ihrer Wirtspflanze gekoppelt ist.

Auch dem Löwenzahn wird man weit freundlicher gesonnen sein, wenn man sich einmal klar gemacht hat, dass weit über 70 Wildbienenarten Nektar und Pollen an seinen gelben Korbblüten sammeln!

HINWEIS!

Ein großer Faktor in Sachen Insektenfreundlichkeit sind sicher die im Garten vorkommenden Pflanzen!

Wer auf in der Region vorkommende heimische Arten setzt, hat meist schon gewonnen. Darüber hinaus sind selbstverständlich auch ein paar Exoten im Garten erlaubt, insofern sie Nektar und Pollen bereitstellen und nicht in der Liste der invasiven Neophyten (siehe S. 24) geführt werden.

Gegen ein wenig Experimentierfreude ist nichts einzuwenden und als Faustregel kann auch gelten, dass heimische Wildpflanzen nützlich für unsere Tierwelt sind, solange sie sich durch Samen oder Ausläufer im Garten ganz von alleine verbreiten!

Auch hierzulande nicht heimische Pflanzen, wie die imposanten Pfingstrosen, fügen sich ganz fabelhaft in einen Naturgarten ein. Man sollte jedoch die ungefüllten Sorten bevorzugen!

Was sind invasive Neophyten?

Als invasive Neophyten werden eingewanderte Pflanzenarten bezeichnet, sobald sie in der Pflanzengemeinschaft aggressiv auftreten, indem sie etablierte heimische Arten verdrängen und/oder gesundheitliche Probleme auch beim Menschen verursachen können. Prominente Beispiele sind das Indische Springkraut, der Japanische Knöterich oder die Herkulesstaude (Riesen-Bärenklau). Letztere kann schwere Verbrennung verursachen, nachdem die Haut Kontakt mit den stachelig behaarten Blättern gehabt hat.

Die Herkulesstaude oder der Riesen-Bärenklau *(Heracleum mantegazzianum)* (links im Bild) macht vielerorts Probleme durch die massenhafte Ausbreitung, vor allem entlang von Flussufern. Auch verdrängt die Pflanze die Bestände des heimischen Wiesen-Bärenklau *(Heracleum sphondylium)*, rechts im Bild.

Parasitisch lebende Bienen, Wespen und Hummeln

Es gibt eine recht große Anzahl an so genannten Kuckucksbienen, -wespen und -hummeln, sowie andere parasitisch lebende Insekten, die man aufgrund ihrer Lebensweise womöglich ablehnen oder sie zumindest nicht unbedingt als Nützling bezeichnen würde. Doch die Natur misst hier mit anderen Maßstäben und so gehören auch die Kuckucksbienen, -wespen und -hummeln zu einer gesunden Vielfalt im Artengefüge eines Biotops. Häufig sind es sogar besonders schöne Exemplare, die man noch dazu recht selten zu Gesicht bekommt, wie etwa die bunt schillernden Goldwespen oder die leuchtend roten Blutbienen. Ihre Bestände werden ganz von selbst durch das Vorkommen ihrer Wirte reguliert. Man muss also niemals Angst haben, dass sie zahlenmäßig im Garten Überhand nehmen könnten.

Auch parasitisch lebende Hautflügler, wie die hübsche Goldwespe und die farbenfrohe Blutbiene, sind ein wichtiger Bestandteil eines vielfältigen Artenspektrums und man darf sich über ihr Erscheinen im Naturgarten freuen! Links: Goldwespe auf dem Berufskraut. Rechts: Die Blutbiene (Sphecodes albilabris) stattet dem wilden Dost einen Besuch ab. Sie lebt als Kuckucksbiene in den Nestern der Frühlings-Seidenbiene.

WIE FÖRDERE ICH DEN ARTENREICHTUM IM GARTEN?

Zweifellos ist es in der Natur so, dass Pflanzen und Tiere eine Art symbiotische Einheit bilden. Nützliche Gartentiere ohne entsprechende Pflanzen gibt es nicht! Sie leben mit- und voneinander. Wünschen wir uns daher viele nützliche Tiere, die in unserem Garten eine Heimat finden, sollten wir an allererster Stelle auf ein umfangreiches Angebot an möglichst heimischen Pflanzen achten.
Als grobe Faustregel gilt:
1 heimische Pflanzenart bringt rund 10 Tierarten in den Garten!
Am meisten Tiere finden sich im Garten ein, wenn entsprechende heimische Gehölze vorhanden sind. Je nach Baum- oder Strauchart können es mehrere Hundert Tierarten sein, die sich hier ernähren, ob es sich nun um Asseln, Spinnen, Bienen, Falter oder die große Schar der Vögel handelt. Bäume und Sträucher sind einfach der Hit im Reich der Tiere.

Nicht minder wichtig sind daneben ausdauernde Krautpflanzen sowie Zweijährige und auch die einjährigen Sommerblüher. Auf die Vielfalt sowie auf ein möglichst lückenloses Angebot an Nektar und Pollen rund ums Jahr kommt es schließlich an.

Die Sache mit den Blümchen und den Bienchen …

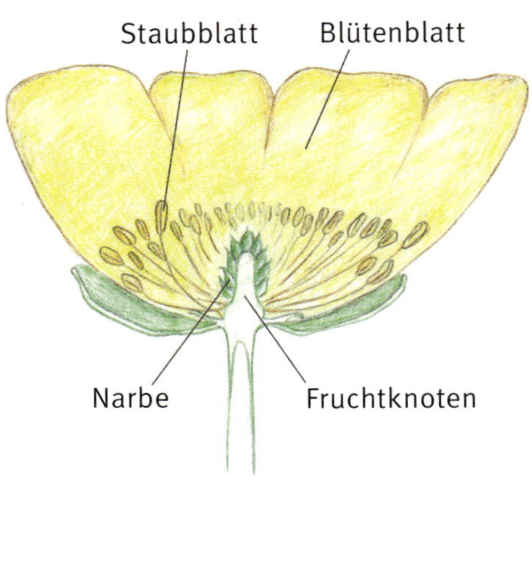

Warum benötigen wir überhaupt so viele tierische Bestäuber, wenn doch so viele Blüten sowohl eine (weibliche) Narbe als auch (männliche) Staubbeutel in einer einzigen Blüte vereinen?

Die Antwort dürfte recht eindeutig ausfallen, denn im Pflanzenreich ist es ähnlich wie auch bei Tieren und Menschen, dass der Genpool beständig aufgefrischt werden muss, damit gesunde Nachkommen erzeugt werden!

Damit also Pollen von anderen Pflanzen zur Bestäubung herangezogen werden kann, muss dieser entweder mit Hilfe des Windes oder aber mit Hilfe von (pelzigen) Boten herantransportiert werden.

Viele Pflanzen verfügen daher über gewisse Verhinderungsmechanismen, um eine Bestäubung durch die eigenen Blütenpollen auszuschließen. Dies wird manchmal erreicht, indem Staubbeutel und Narbe einer Blüte zu verschiedenen Zeiten heranreifen. Verbreitet ist auch die chemische Unverträglichkeit, die das Wachstum der Narbe durch die Befruchtung mit eigenen Pollenkörnern unterbindet.

Und für die eigene gesunde Nachkommenschaft legen sich die Blütenpflanzen so richtig ins Zeug: Mit farbenprächtigen Kronblättern, betörendem Duft und zuckerreichem Nektar locken sie Bienen, Hummeln, Schmetterlinge und viele andere Insekten an.

Querschnitt einer Blüte mit Blütenbestandteilen

Während diese den süßen Nektar trinken, streifen sie auch die Staubblätter der Blüte, sodass zahlreiche Pollenkörner an den Blütenbesuchern hängenbleiben. Beim Besuch der nächsten Blüte gelangen die Pollenkörner auch zu deren Narbe und befruchten sie. Die nun entstehenden Samen können nun Merkmale beider Elternpflanzen aufweisen!

Ausgestattet mit diesem Wissen, könnte man auch ganz gezielt vorgehen und den Pollen einer bestimmten, ausgesuchten Pflanze auf die Narbe einer anderen mit einem Pinsel aufbringen. Um eine Fremdbestäubung zu verhindern, müsste man die behandelten Blüten jedoch mit einem Beutel verschließen, wozu sich Nylon eignet.

Honigbienenbesuch bei der Wilden Malve

EMPFEHLENSWERTE BIENENPFLANZEN

Es gibt unzählige Blütenpflanzen oder blühende Gehölze, die nicht nur durch ihre umwerfende Blütenpracht hervorstechen, sondern gleichzeitig auch hervorragende Nektar- und Pollenspender sind. In nachfolgender Liste werden daher einige besonders wertvolle Bienennährpflanzen aufgezählt, die auch optisch überzeugen und/oder leckere Früchte liefern:

Hitparade der am meist besuchten Bienenpflanzen, die auch optisch überzeugen

Gehölze

- Apfel (*Malus*) wie auch Wildbirne und Wildapfel und andere Kultur-Obstbäume
- Esskastanie (*Castanea sativa*)
- Europäische Stechpalme (*Ilex aquifolium*)
- Fächer-Zwergmispel (*Cotoneaster horizontalis*)
- Gewöhnliche Jungfernrebe (*Parthenocissus inserta*): Fassadenkletterer!
- Gewöhnliche Traubenkirsche (*Prunus padus*)
- Ginsterarten, z. B. Besenginster (*Cytisus scoparius*)

Blühender Apfelbaum: Nützlicher geht es nicht!

- Gundelrebe (*Glechoma hederacea*)
- Himbeere (*Rubus idaeus*) und Brombeere (*Rubus fruticosus*)
- Hundsrose (*Rosa canina*)
- Schlehe (*Prunus spinosa*)
- Vogelkirsche (*Prunus avium*)
- Weidenarten, z. B. Salweide (*Salix caprea*), Ohrweide (*Salix aurita*)
- Zweigriffeliger Weißdorn (*Crataegus laevigata*)

Alte Weiden sind immer ein malerischer Anblick.

Die Gundelrebe (*Glechoma hederacea*) ist auch unter dem Namen Gundermann bekannt. Schon Hildegard von Bingen schätzte das Kraut wegen seiner vielfältigen Anwendungsmöglichkeiten in der Naturheilkunde.

Heilkräftige Gundelreben im Garten dulden

Das Kraut wird von April bis Juni gesammelt und kann frisch oder getrocknet für Salate, Suppen oder Tee verwendet werden. Gundermann wirkt schleimlösend und sorgt für ein optimales Funktionieren von Magen, Galle und Bauchspeicheldrüse. Die reichlich enthaltenen Gerbstoffe beschleunigen die Wundheilung, sodass eine Mundspülung bei Paradontitis und eiternden Zähnen helfen soll. In früheren Zeiten wurde das Kraut von Malern verzehrt, damit es die in den Farben enthaltenen Schwermetalle aus dem Körper ausleiten sollte. Gundermann enthält reichlich ätherische Öle sowie Gerb- und Bitterstoffe, wie etwa Marrubiin.

Darüber hinaus ist die Gundelrebe eine hervorragende Bienenweide wie auch ein guter Bodendecker.

Blütenpflanzen

- Besenheide, Heidekraut (*Calluna vulgaris*)
- Bienenfreund (*Phacelia ssp.*)
- Borretsch (*Borago officinalis*)
- Drüsige Kugeldistel (*Echinops Sphaerocephalus*)
- Färberkamille (*Anthemis tinctoria*)
- Frühlings-Krokus (*Crocus vernus*)
- Frühlings-Fingerkraut (*Potentilla neumanniana*)
- Gelbes Sonnenröschen (*Helianthemum nummularium*)
- Gewöhnlicher Hornklee (*Lotus corniculatus*)
- Himmelsleiter (*Polemonium coeruleum*)
- Kornblume (*Centaurea cyanus*)
- Löwenzahn (*Taraxacum ssp.*)
- Natternkopf (*Echium vulgare*)
- Rainfarn (*Tanacetum vulgare*)
- Raublatt-Aster (*Symphyotrichum novae-angliae*)
- Rundblättrige Glockenblume (*Campanula rotundifolia*)
- Saat-Esparsette (*Onobrychis viciifolia*)
- Schweden-Klee (*Trifolium hybridum*)
- Schlangen-Wiesenknöterich (*Bistorta officinalis*)
- Tüpfel-Johanniskraut (*Hypericum perforatum*)

Blühender Borretsch zieht Bienen und Hummeln an wie ein Magnet.

Üppig blüht die Färberkamille ab Juni.

Tüpfel-Johanniskraut im Naturgarten

Wie kleine Schlangenköpfe schauen die Blüten des Natternkopfs aus.

- Wiesen-Bärenklau (*Heracleum sphondylium*)
- Wiesen-Flockenblumen (*Centaurea jacea*) und andere Skabiosen
- Wiesen-Salbei (*Salvia pratensis*)
- Wiesen-Schaumkraut (*Cardamine pratensis*)
- Wiesen-Margerithe (*Leucanthemum vulgare*)

Es summt und brummt im Kräuterbeet, sobald sich die Blüten des Salbeis öffnen.

Ausgesprochen beliebt im Reich der Insekten sind die Blüten der Wiesen-Flockenblumen.

Salbei liebt trockene, sonnige Standorte und blüht dort besonders üppig.

Bereits im zeitigen Frühjahr sind zahlreiche Mauerbienenarten unterwegs. Hier sieht man ein Männchen der Gehörnten Mauerbiene an den Blüten der Schneeheide.

Eine wilde Schwärmerei der Honigbienen

Wenn ein Volk von Honigbienen im Frühsommer so stark wird, dass der Platz im Bienenstock knapp wird, kann die Weitervermehrung nur noch durch eine Teilung des Volkes geschehen. Es kommt zum so genannten Schwarmtrieb der Honigbienen. Meist am Vormittag bei schönem Wetter verlässt die alte Königin mit 10.000 oder mehr Bienen den Stock, um sich zunächst in einer so genannten Schwarmtraube zu sammeln, beispielsweise an einem Ast. Von hier aus werden einige hundert Spurbienen entsandt, die sich nach einem geeigneten Nistplatz umschauen. Eine größere Baumhöhle wäre ideal. War die Nestsuche erfolglos, erhebt sich manchmal auch der gesamte Schwarm und fliegt noch ein Stück weiter, um sich an einem anderen Ort niederzulassen und dann wiederum die Spurbienen auszusenden. Mit Hilfe eines Schwänzeltanzes wird das Ergebnis dieser Erkundungsflüge übermittelt, bis ein Nestplatz gefunden ist.

Wir als Gärtner sollten uns nicht erschrecken, wenn solch ein „wilder“ Bienenschwarm bei uns vorbeischaut. Sollten sich die Honigbienen bei uns niederlassen, so sind uns spannende Beobachtungen in diesem Sommer gewiss. Will man den Schwarm auf gar keinen Fall im Garten dulden, so sollte man einen ansässigen Imker informieren. Er wird den Schwarm einfangen und ihm ein neues Zuhause geben können.

Im nachfolgenden Beispiel hat sich ein Bienenschwarm unter der Abdeckung eines Grills in einem Schrebergarten niedergelassen. Da die Besitzer das Bienenvolk in ihrem Garten duldeten, konnte es sich im Laufe des Sommers zu einer beträchtlichen Größe entwickeln.

Ein „wilder“ Honigbienenschwarm hat sich diesen Außengrill als neue Behausung ausgesucht.

Der Besitzer hat später, zum Schutz der Bienen, seitlich ein Brett angebracht.

WILDE BIENEN SIND IN JEDEM GARTEN HERZLICH WILLKOMMEN!

Es ist noch gar nicht allzu lange her, da wusste kaum ein Mensch, dass Wildbienen überhaupt existieren. Dachte man an Bienen, so ausnahmslos an Honigbienen. Dass allein in Deutschland über 550 wilde Bienenarten unterwegs sind, blieb den meisten Menschen verborgen und kaum jemand forschte in dieser Sache, sondern nahm es einfach so hin, dass Wildbienen in diversen Größen und Erscheinungsformen die Blüten in unseren Gärten besuchten. Einige mit nur 2 Millimeter Länge und dem Aussehen von kleinen Fliegen, andere groß und pelzig, sodass man sie auch für eine Hummel halten könnte.

Recht viele Wildbienen gleichen von ihrer äußeren Erscheinung einer Honigbiene, manche weisen eine gelb-schwarze Färbung auf und ähneln daher den Wespen. Wer könnte schon alle Insekten beim Namen nennen, von denen es doch so unübersichtlich viele gibt, beziehungsweise gab, so dachten vermutlich die meisten Menschen.

Leider sind die Wildbienenbestände in Europa wie auch deren Artenanzahl heute rückläufig und die Anzahl der bedrohten Arten steigt mit jedem Jahr!

Eine auffallend gestreifte Wollbiene besucht die Blüten des Hornklees.

Zu stark ist die Abhängigkeit der wilden, solitär lebenden Bienen von den passenden Nahrungspflanzen sowie vom Vorhandensein ausreichender Nistmöglichkeiten.

Jede weibliche Wildbiene muss, in der Regel jede für sich allein, einen geeigneten Platz suchen, um dort ihre Eier ablegen zu können. Für gewöhnlich werden unterschiedlich schmale Niströhren bezogen, die Eier samt einem Nahrungsvorrat in Kammern deponiert, die Röhre anschließend von der Biene verschlossen und sich selbst überlassen.

Wir helfen den Wildbienen im Garten am einfachsten, wenn wir den Garten in einen Naturgarten mit möglichst vielen nektarspendenden Blütenpflanzen, die rund ums Gartenjahr, also zu verschiedenen Zeiten, blühen, umgestalten, daneben auch heimische Bäume und Hecken kultivieren und schließlich für ein umfangreiches Angebot an Nistmöglichkeiten sorgen.

EIN HOTEL FÜR INSEKTEN?

Wer beim Wildbienenschutz sogleich an die so genannten Insektenhotels denkt, die man reichlich im Fachhandel bekommen kann, der muss leider enttäuscht werden, denn: **Die Nützlichkeit der meisten im Fachhandel erhältlichen so genannten „Insektenhotels" lässt doch sehr zu wünschen übrig.**

Hier werden wahllos und wenig durchdacht Nistangebote für gutes Geld angeboten, womit die meisten Wildbienenarten jedoch wenig oder gar nichts anfangen können.

Man sieht häufig in weiches, ausgefranstes Holz gebohrte Löcher, die jeder Biene die zarten Flügel zerfetzen würden, wenn sie denn einen Nistversuch in solch einer Röhre starten sollte. Dann wieder findet man hier viel zu große Hohlräume von mehr als 10 mm Durchmesser.

Wildbienen von dieser Größe existieren nicht in unseren Breiten!

Oder es werden markhaltige Stängel in Massen angeboten, womit kaum eine Biene etwas anfangen kann. Dann sieht man gelegentlich mit Stroh oder Kiefernzapfen gefüllte Fächer, die für Wildbienen überhaupt keinen Wert darstellen, da sie hier mit Sicherheit nur im absoluten Ausnahmefall überwintern würden.

In einem alten Eichenpfahl finden auch Wildbienen einen Platz zum Nisten.

Neben einer naturnahen Gestaltung des eigenen Gartens wäre jeder Biene weitaus besser damit gedient, wenn sich die Naturgärtner ein wenig Zeit nähmen, Schrauber und etwas Baumaterial besorgten und selbst einige Nisthilfen herstellten. Der Trend sollte dabei weg von dem einen riesigen Insektenhotel hin zu vielen kleinen Angeboten gehen, denn Wildbienen sind in der Regel recht ortstreu. Sie lieben es, wenn die Niströhre gleich „vor Ort", also inmitten ihres natürlichen Lebensraums, gebaut werden kann.

Das spart Zeit und Energie! Es macht wenig Sinn, wenn in einem Umkreis von einem Kilometer nur ein einziges Insektenhotel angeboten wird, der Rest der Landschaft jedoch steril und aufgeräumt ist, die Bienen daher weite Anflugwege hätten, um von den Nektarpflanzen zur Niströhre zu gelangen. Dann müssten sie zwischendurch auch noch das benötigte Nistmaterial einsammeln ...

Die guten alten Zeiten ...

Wie paradiesisch dagegen wäre ein Garten, wo alles nah beieinander zu finden ist, also Nektar und Pollen, Nistmaterial, wie Blätter, Pflanzenfasern oder Lehm, sowie der Ort, an dem die Niströhre angelegt und bestückt werden kann.

Die guten, alten Zeiten waren also für Insekten – und Wildbienen im Speziellen – tatsächlich weit besser gewesen!

Die solitären Bienen fanden reichlich Nektar und Pollen an blühenden Wildsträuchern oder im Bauerngarten und reichlich Nistmaterial zum Auskleiden ihrer Niströhren, die sie beinahe überall anlegen konnten.

Es gab Lebensraum für sie „en masse": Sie nutzten die Fraßgänge von Käfern in altem Holz, hohle Pflanzenstängel von Himbeere oder Holunder, Ritzen in altem Mauerwerk oder alten Trockenmauern, mit Ried oder Stroh gedeckte Dächer, die Lehmwand einer alten Scheune, wenig begangene ruhige Plätze am Boden und vieles mehr für die Anlage ihrer Niströhren.

Alle diese Lebensräume sind in einer aufgeräumten Umwelt Mangelware. Unser übertriebener Ordnungssinn zerstört nicht selten die letzten Zufluchtsorte für solitäre Bienen und Wespen.

Holen wir uns also ein wenig Altertümlichkeit in unsere Gärten zurück!

Pflanzen wir möglichst viele Wildstauden, reich blühende Sträucher und Obstbäume, dulden wir Totholz im Garten, lassen wir den alten Schuppen stehen, bedecken sein Dach mit Ried oder füllen vorhandene Gefache mit Lehm und Stroh, richten wir Ruhezonen für am Boden brütende Bienen ein und übertreiben wir es insgesamt nicht mit der Ordnung in unserem Garten!

HINWEIS!

Eine Insektennisthilfe ist kein gleichwertiger Ersatz für einen natürlichen Lebensraum!

In oder an einem alten Stallgebäude finden zahlreiche nützliche Tiere einen Lebensraum. In Bezug auf den Artenschutz lohnt es sich daher immer, so ein Altertümchen zu erhalten!

INSEKTENNISTHILFEN ALS ERGÄNZUNG ZUM NATURNAHEN GARTEN

Aber welcher Naturgärtner möchte schon auf das Angebot der Insektennisthilfen verzichten, selbst wenn sein Garten von einem sterilen, reinen „Show-Garten“ in ein naturnahes Refugium mit Pflanzen, die rund ums Jahr blühen, umgestaltet wurde.

Schon allein die spannenden Beobachtungen an einer von uns hergerichteten Nisthilfe sind es doch wert, einige von ihnen im Garten anzubieten!

Damit die Nisthilfen auch einer möglichst großen Anzahl an solitär lebenden Bienen und auch Wespen einen Nutzen bringen, sollte man sich zunächst klar machen, dass die verschiedenen Arten ganz unterschiedliche Nistgewohnheiten besitzen und dass sie außerdem auch ganz unterschiedliches Material zum Bau ihrer Niströhre benötigen.

Der Trend sollte von einem einzigen großen Hotel zu mehreren kleinen Nistangeboten für Insekten gehen.

Wie sollen die Nisthilfen beschaffen sein, um möglichst viele solitäre Bienen und Wespen zu fördern?

Tierart	Wo nisten sie?	Benötigtes Material
Mauerbienen, z. B. Rote Mauerbiene ***(Osmia)***	Hohle Stängel (Bambus, Pflanzenstängel), durchbohrtes Hartholz (5–9 mm) Mauerritzen	Lehm, eigener Speichel, Blattstückchen (zerkaut)
Wollbienen *(Anthidium)*	Hohle Pflanzenstängel, Strangfalzziegel u. a. gelochte Lehmziegel	Pflanzenfasern von Wollziest, Salbei u. a., ersatzweise auch Wollfäden

Eine Wollbiene im Anflug auf blühenden Wollziest. Doch hat sie diesmal nicht die Blüten im Visier. Sie schabt die Wollhaare von der Pflanze, um damit ihre Brutzellen auszustatten. Die Weibchen besitzen hierzu eine weiße Sammelbürste an der Unterseite ihres Hinterleibs.

Tierart	Wo nisten sie?	Benötigtes Material
Harzbienen *(Anthidium)*	an Bäumen, Mauern, Steinen	Baumharz
Pelzbienen *(Anthopora)*	Käfer-Fraßgänge im Holz, Spalten und Risse im Totholz, Lehmwände, Lehmböden	Lehm, eigenes Drüsensekret
Seidenbienen *(Colletes)*	Hohlblocksteine, lehmig-sandige Böden, Lehmwand	Lehm
Maskenbienen *(Hylaeus)*	hohle Pflanzenstängel, Totholz, Schilfmatten, Gittersteine, Lehmwände, Trockenmauern	eigenes Drüsensekret
Sandbienen *(Andrena)*	sandige Böden, wenig bewachsene Böschungen und Rasenflächen	Lehm, Sandkörnchen

Tierart	Wo nisten sie?	Benötigtes Material
Blattschneiderbienen *(Megachile)*	Risse und Spalten im Totholz, markhaltige Stängel	Blattstückchen, Speichel
Mörtelbienen *(Megachile)*	an Steinen, in Steilwänden, in Hohlräumen im Boden	Tierhaare, Lehm, Sand, Steinchen, Harz
Löcherbienen *(Heriades)*	gelochtes Hartholz (3–4 mm) hohle Stängel und Halme	Harz, Steinchen, Fasern

Die meisten solitär lebenden Bienen bauen Niströhren, wo hinein sie ihre Eier legen.

Viele Arten nutzen vorhandene Hohlräume, wie etwa die Fraßgänge von Käfern in totem Holz, andere graben sich selbst durch vorhandenes Pflanzenmark oder eine Lehmwand, um dann in dem entstandenen Hohlraum die einzelnen Brutkammern anzulegen. In jede Kammer wird ein Nahrungsvorrat eingebracht, der entweder aus Pollen und etwas Nektar oder bei solitären Wespen aus kleinen Beutetieren besteht. Dann wird ein Ei dort hineingelegt und die Kammer verschlossen. Dazu wird häufig ein Gemisch aus eigenem Sekret, Lehm oder auch Tierhaaren, Harz oder Sand verwendet. Der angefertigte Deckel dient meist als Rückwand für die nächste Kammer.

Sobald die Larve geschlüpft ist, ernährt sie sich von dem Nahrungsvorrat, bis sie sich verpuppt und schließlich als vollständig entwickeltes erwachsenes Insekt ausschlüpft, sich durch die Kammerwand hindurchfrisst und ins Freie fliegen kann.

Eine Garten-Blattschneiderbiene im Anflug auf eine Wickenblüte

Entgegen ihrer Angewohnheit, röhrenförmige Hohlräume zur Anlage ihrer Nistkammern zu nutzen, findet man gelegentlich auch flächig angeordnete Kammern von der Rostroten Mauerbiene (*Osmia bicornis*), wie hier in einem Spalt unter einer durchsichtigen Plexiglasplatte, sodass man durch einen glücklichen Zufall in das Innere der Nistkammern schauen konnte.

Querschnitt durch eine Niströhre mit Raupen und Pollenvorrat

BAUANLEITUNGEN FÜR INSEKTENNISTHILFEN: SCHRITT FÜR SCHRITT

Wenn sie auch den strukturreichen, naturnahen Garten nicht ersetzen können, so spricht auch nicht allzu viel gegen den Einsatz einzelner selbst gebauter Nisthilfen für solitäre Bienen und Wespen. Damit diese auch reichlich besiedelt werden, ist bei deren Bau einiges zu beachten.

Mauerbienen-Paarung in der Nähe einer Insektennisthilfe

1. Anleitung: Pappröhrchen in kleinem Behälter

Sehr einfach funktioniert die Herstellung einer Insektennisthilfe mit bereits fertigen Röhrchen aus dem Fachhandel. Die Röhrchen aus gepresstem Papier mit unterschiedlichen Lochdurchmessern werden mit einer Heißklebepistole oder Leim in ein Holzkästchen oder eine Blechdose eingeklebt und an einem geschützten Ort aufgehängt. Gegen Nässe schützt ein Dach aus Blech oder Teerpappe.

HINWEIS!

Alternativ zu den Pappröhrchen können auch Natur-Strohhalme verwendet werden!

1

2

3

4

1. Röhrchen aus gepresstem Papier gibt es im Fachhandel in unterschiedlichen Größen.

2. Mit der Heißklebepistole oder Leim werden die Röhrchen dicht nebeneinander in eine Dose oder einen kleinen Kasten geklebt.

3. Es dürfen keine Lücken entstehen!

4. Die Röhrchen werden besonders gut angenommen. Nach einigen Jahren ist das Hotel komplett belegt!

Nisthilfen reparieren

Leider kommt es immer wieder und sogar bei eingeklebten Niströhren vor, dass Vögel die Röhrchen herausrupfen, um sich dann hungrig über den nahrhaften Inhalt herzumachen. Dann sollte man schnell handeln und die Lücken in der Nisthilfe auffüllen und bestenfalls mit einem engmaschigen Gitter vor dem Zugriff von Vögeln schützen.

1. Von Vögeln aufgehackte Niströhren
2. Die Lücken müssen schnellstmöglich aufgefüllt werden!
3. Papphröhrchen oder ersatzweise zugeschnittene Röhrchen aus einer Reetmatte werden verwendet, um die fehlenden Niströhren zu ersetzen.
4. Zum Schutz vor Vögeln wird ein engmaschiges Gitter (Lochgröße max. 1 cm) angebracht.
5. Ein Handtacker leistet dabei gute Dienste.

2. Anleitung: Durchlochtes Hartholz

Sehr gut angenommen von etlichen Wildbienenarten wird in der Regel ein Stück Hartholz, in welches wir rund 6 cm tiefe Löcher hineingebohrt haben.

Hierbei gilt es jedoch einiges zu beachten:

1. Verwendet wird gut abgelagertes Hartholz, wie etwa Esche, Eiche, Buche oder Obstbaumholz! Weichholzarten fransen beim Durchbohren leicht aus, außerdem nehmen sie zu viel Flüssigkeit auf, was zum Aufquellen führt!
2. Gebohrt wird immer quer zur Holzfaser, niemals längs zur Faser! Die häufig anzutreffenden Baumscheiben, in deren Stirnseite unzählige Löcher gebohrt wurden, sind demnach tabu. Hierbei entstehen oft Einrisse im Inneren der Röhre, auch nehmen die durchtrennten Holzfasern Feuchtigkeit auf und quellen dadurch auf. Durch die Rissbildung, die auch im Nachhinein noch entstehen kann, ist mit einem erhöhten Pilz- und Parasitenbefall zu rechnen, wodurch vorhandene Brutkammern in ihrer Existenz gefährdet werden.
3. Die Durchmesser der gebohrten Löcher betragen 2–10 mm, wobei man anzahlmäßig die kleineren Lochgrößen bevorzugen sollte.

Machen wir es den Käfern nach und bohren wir niemals in das Stirnholz, sondern immer quer zur Holzfaser!

1. Ein gut abgelagertes Stück Eichenholz steht zur Verfügung.

2. Gebohrt wird mit speziellen Holzbohrern, zu erkennen an der Bohrspitze.

3. Es wird gerade und möglichst tief in den Holzblock gebohrt.

4. Man achte auf glatte Ränder und etwas Abstand zwischen den Bohrlöchern.

5. Ein kleines Dach schützt vor Schlagregen. Hier können Blech, Ton, Holz oder eine Schieferplatte als Material verwendet werden.

6. Das Nistholz wird an einer sonnigen, dabei vor Wind und Wetter geschützten Stelle aufgehängt!

Auch steile, lehmige Uferwände oder mit Lehm und Stroh ausgefüllte Fächer in Fachwerkbauten werden von vielen Wildbienen- oder Wespenarten zum Bau ihrer Niströhren herangezogen. Die Mauer-Lehmwespe (*Ancistrocerus nigricornis*) wäre hier ebenso als Beispiel zu nennen wie auch die noch recht häufig vorkommende Pelzbiene (*Anthophora plumipes*), die man schnell mit einer kleinen Hummel verwechseln kann.

Unter einem Dachüberstand ist die Insektennisthilfe gut geschützt vor Wind und Wetter.

Pelzbienen: blitzschnelle Frühjahrsboten
Bereits im März und April sieht man die kleinen pelzigen Bienen an den Blüten von Lungenkraut, Lerchensporn, Blaukissen oder Stiefmütterchen. Man könnte sie wegen ihres Aussehens für kleine Hummeln halten.

Was die Pelzbiene jedoch von einer Hummel am meisten unterscheidet, ist ihre Schnelligkeit. Fast schon ruckartig flitzt die Pelzbiene von Blüte zu Blüte und man schafft es kaum, sie dabei zu betrachten, geschweige denn zu fotografieren.

Weit besser klappt das Beobachten dieser gut untersuchten Art, wenn man weiß, wo sie ihre Niströhren anlegen. Hier sind sie nicht sehr wählerisch und sie nutzen sowohl Spalten oder Fraßgänge in altem Holz wie auch Lehmwände oder lehmige Böden, um sich hier selbstständig eine Niströhre zu graben.

Zur Unterstützung aller in Lehmwänden oder -böden nistenden Insekten sollten unbedingt entsprechende Angebote im Garten gemacht werden.

Am besten wären natürliche Areale, die auch von ihrer Größe her für im Boden nistende Insekten attraktiv sind, also **großflächige Lehmwände, lehmhaltige Böschungen**, wie man sie etwa oberhalb von Bachläufen findet, oder andere vor Nässe oder dem häufigen Begehen geschützte Flächen im Garten. Es geht halt nichts über einen natürlichen Lebensraum!

Wer dennoch unbedingt etwas bauen möchte, der mag den Versuch einer **Mini-Lehmwand** starten und freut sich über alle Maßen, wenn diese von einer Gruppe Pelzbienen als Nistplatz für sich entdeckt worden ist.

Ein vorhandenes unzweckmäßiges „Insektenhotel“ aufhübschen

Nun ist es doch geschehen und wir haben uns dazu verführen lassen und eines dieser fertigen Insektenhotels aus dem Baumarkt mit nach Hause gebracht. Vielleicht wussten wir es zum Zeitpunkt des Kaufs einfach nicht besser und erkennen nun aber, dass es sich um eine Fehlinvestition gehandelt hat. Es besteht zu einem Großteil aus völlig unbrauchbaren Nistangeboten und nun finden wir auch die Quittung nicht mehr, um es umtauschen zu können.

Ärgern Sie sich nicht länger über diesen Fehlkauf, sondern freuen sich über die Vorarbeit, die hier schon geleistet wurde, indem ein hübscher Rahmen gezimmert wurde, mit mehreren Fächern und einem Dach, das vor Nässe schützt. Holen Sie die unnützen Zapfen, die Rindenstücke, das Stroh und die zerfransten Weichholzklötzchen heraus und füllen die nun leerstehenden Fächer mit einer Lehm-Strohmasse auf!

3. Anleitung: Auffüllen der Fächer eines vorhandenen „Insektenhotels" mit Lehm und Stroh

1. Aus einem käuflich erworbenen „Insektenhotel" werden unnütze Bestandteile entfernt, wie etwa Stroh, Rinde oder Kiefernzapfen.

2. Lehm und Stroh werden leicht angefeuchtet.

3. Lehm und Stroh werden gut miteinander vermischt.

4. Die Masse wird in die Fächer gefüllt und gut angedrückt.

5. Das Insektenhotel wird an einem sonnigen, aber geschützten Standort aufgehängt.

6. Lehm-Strohreste werden in weitere Behälter gefüllt.

HINWEIS!

Der Lehm-Stroh-Block kann nach dem Trocknen leicht schrumpfen. Damit dieser nicht aus dem Behältnis herausfällt, kann man ihn mit einem engmaschigen Draht (siehe S. 39) oder einer schmalen Holzleiste sichern.

Löcher im Lehm?

Man kann nun einige Löcher in den Lehm stechen. Dazu verwendet man am besten Stricknadeln in unterschiedlicher Dicke. Dies ist hilfreich und wichtig für bestimmte Arten, andere legen ihre Röhren selbstständig an.

HINWEIS!

- Insektennisthilfen werden an einem sonnigen bis halbschattigen, windgeschützten Ort aufgehängt.
- Sie sollten vor Schlagregen geschützt sein.
- Sie bleiben ganzjährig im Freien.

Eine gelochte Lehmwand erhält zusätzliche Stabilität durch Bruchstücke von Lochziegeln.

Selbstgemachte Nisthilfen für wilde Bienen und Wespen sind nützliche wie auch dekorative Elemente im Naturgarten.

SCHUTZMASSNAHMEN FÜR IM BODEN BRÜTENDE ARTEN

Recht viele Wildbienenarten wie auch einige wilde Wespenarten bauen ihre Nester im Boden, wo sie ihr Gelege in schmalen Röhren platzieren. Hier leben sie durchaus gesellig, in so genannten Aggregationen. Man beobachtet nicht selten mehrere Hundert Individuen in einem Nistareal.

Und doch nistet hier jede Biene für sich allein!

Viele Haus- und Gartenbesitzer berichten von Nestern im Boden, mit wild umherfliegenden Insekten, die sie sich kaum erklären können.

Dabei handelt es sich meist um die Männchen einer im Boden brütenden Wildbienenart, die hektisch über dem Nistgelände umherfliegen, um hier ein nistendes Weibchen zwecks Begattung abfangen zu können.

Dieser „Spuk" der wild umherfliegenden Bienen ist schon nach wenigen Tagen vorbei und die Situation im Wildbienenaggregat beruhigt sich recht bald wieder. Die kleinen Erdhäufchen im lückenhaft wachsenden Rasen oder an einer vegetationsarmen Böschung, die im Boden nistende Wildbienen über ihrem Nest auftürmen, werden dagegen recht schnell übersehen.

Allein von den im Boden nistenden Sand- oder Erdbienen (*Andrena spec.*) gibt es in Europa mehr als 100 Arten. Viele von ihnen sehen der Honigbiene recht ähnlich und nicht wenige Menschen wundern sich im Frühjahr über das rege Vorhandensein von vermeintlichen Honigbienen in Bodennähe. Diese Besorgtheit lässt immer noch jedes Jahr viele zum Hörer greifen und um Hilfe rufen.

Da Wildbienen jedoch äußerst friedliche Mitbewohner sind, die weder stechen noch anderweitig aggressiv in Erscheinung treten, ist diese Beunruhigung ungerechtfertigt!

Eine Sandbiene nistet in einer offenen Stelle im Rasen.

HINWEIS!

Wildbienen wie auch solitär lebende Wespen können gefahrlos im Garten geduldet werden, selbst wenn kleine Kinder im Haushalt leben!!

Es sind gerade diese Lebensräume am Boden, die im Garten recht häufig unserem Ordnungswahn zum Opfer fallen!

Wenn aus sandigen Trampelpfaden geteerte Wege werden, wenn das Kiesareal unter einem Balkon gepflastert wird oder eine warme, sonnige Böschung zentimeterdick mit Rindenmulch bedeckt wird, so wird vielleicht unser Ordnungssinn befriedigt, unzählige Wildbienen verlieren jedoch durch diese Maßnahmen ihren Wohnraum.

Und die zweite schlechte Nachricht kommt noch gleich hinzu, da man in keinem einzigen selbst gezimmerten Insektenhotel einer im Boden nistenden solitären Biene oder Wespe einen Lebensraum zur Verfügung stellen kann!

Wenn man bedenkt, dass etwa Dreiviertel aller Wildbienenarten im Boden nisten, so wird die Dringlichkeit zu handeln recht schnell klar.

Ein so genanntes „Sandarium“ für im Boden brütende Wildbienen findet Platz in jedem noch so kleinen Garten.

Das Sandarium

Um etwas für die im Boden brütenden Arten unter den solitär lebenden Bienen und Wespen zu tun, sollte man zunächst die Bodenverhältnisse im eigenen Garten inspizieren.

Gibt es bereits lückenhaft bewachsene Rasenflächen oder dünn mit Kies bedeckte Ruheplätze, etwa unter einem Vordach oder an einer Hauswand?

Ideal wäre ein lehmiger Boden mit einem gewissen Sandanteil. Ein gewachsener Boden ist einer Neuanlage stets zu bevorzugen!

Der zweite Punkt wäre die ruhige und nicht zu feuchte Lage.

Vor allem im Frühjahr sollte der ins Auge gefasste Platz wenig bis gar nicht begangen werden.

Eine Hauswand, die vor Regen schützt, oder ein kleines Vordach wären optimal. Zu kalt sollte der Ort allerdings auch nicht sein. Einige Stunden Sonneneinstrahlung sollten gegeben sein!

Wer erst einen Nistplatz für im Boden brütende Wildbienen erschaffen möchte, der mische eine größere Menge lehmigen Boden mit Sand und/oder feinem Kies, koffert gegebenenfalls die Fläche zuvor aus, sodass hier eine Vertiefung von 10–15 Zentimetern Tiefe entsteht, verteilt das Substrat auf einer mindestens zwei Quadratmeter großen Fläche und stampft das Erdreich anschließend gut fest.

Als Abschluss wird das Areal nochmals dünn mit Sand oder feinem Kies abgedeckt!

Nun geht es ans Dekorieren …

Um einen größtmöglichen Nutzen für diverse Insekten zu erreichen, werden nun einige Holzstämme oder Wurzelstöcke locker auf dem Areal verteilt.

Sehr gut geeignet ist Obstbaumholz, welches gut abgelagert ist. Auch Totholz von Hartholzarten (Esche, Eiche, Buche) oder alte Wurzelstöcke können verwendet werden. Das Holz wird von Käfern genutzt, die sich durch das Material fressen und allen im Holz nistenden Wildbienen und Wespen daher die Niströhren vorbereiten. Zum anderen dienen die Holzstämme und Wurzeln als Schutz vor dem Betreten sowie auch vor Feuchtigkeit und Kälte.

Zwischen den Wurzeln und Holzstämmen können zusätzlich einige leere Schneckenhäuser ausgelegt werden. Auch sie bedeuten Nistraum für so manche Bienenart.

Die **Schneckenhaus-Mauerbiene** (*Osmia bicolor*) wäre hier zu nennen. Es ist überaus spannend, auch für Kinder, den Nistvorgang zu beobachten und zuzuschauen, was die kleine pelzige Mauerbiene alles mit dem Schneckenhaus anstellt, bis der Nistvorgang abgeschlossen ist!

Schon vor der Eiablage wird Pollen und Nektar herangetragen und im leeren Schneckenhaus deponiert. Nach der Eiablage wird das Schneckenhaus mit einem Gemisch aus zerkauten Blattstückchen, kleinen Steinchen, Sand und Erde verschlossen. Dabei dreht die Biene das Schneckenhäuschen so lange, bis dessen Öffnung zum Boden zeigt. Nach diesem Kraftakt wird das Schneckenhaus mit trockenen Halmen, Tannennadeln und ähnlichem Material getarnt, sodass es optimal vor Fressfeinden geschützt ist.

Das fertig gestaltete sandige Areal kann noch mit leeren Schneckenhäusern und alten Wurzeln nach Wunsch dekoriert werden. Dies lockt weitere Wildbienenarten an, die in leeren Schneckenhäusern nisten, wie auch Käfer, die in altem Holz leben!

WILDBLUMEN UND IHRE PROMINENTEN BESUCHER

Insgesamt lässt sich feststellen, dass es überwiegend die heimischen Pflanzen sind, die den meisten Wildtieren nutzen. Dies überrascht auch nicht weiter, da sich die Abhängigkeiten zwischen Pflanzen und Tieren meist über Jahrtausende entwickelt haben.

Und selbst wenn immer wieder berichtet wird, dass auch auf speziell für den Garten gezüchteten Zierpflanzen Insekten gesichtet werden, die hier Pollen oder Nektar sammeln, so ist die Anzahl der Blütenbesucher auf der entsprechenden Wildform der Pflanze doch ungleich höher!

Das Männchen der Gelbbindigen Furchenbiene besucht die ersten Blüten der Herbstastern.

Jeder Naturgartenbesitzer möchte vor allem eins: Tiere in seinem Garten beobachten! Es gehört für jeden Artenschützer zu einem absoluten Highlight, einen seltenen Falter, wie etwa einen Schwalbenschwanz, oder eine auffällig orange schillernde Sandbiene an den Pflanzen des Gartens zu entdecken. Sind diese Beobachtungen doch der Beweis dafür, dass die Förderung von Nützlingen im eigenen Garten funktioniert hat!

MIT WELCHEN INSEKTEN KANN ICH IN MEINEM GARTEN RECHNEN?

Die nachfolgende Liste zeigt Pflanzen mit ihren wohl prominentesten Nutznießern, sodass man gezielt nach ihnen Ausschau halten kann, wenn eine oder mehrere der nachfolgenden Pflanzen im eigenen Garten gedeihen.

Pflanzenart	prominenter Besucher
Schlehe	Sandbiene
Gemeine Berberitze	Hornisse
Waldgeißblatt	Weinschwärmer, Abendpfauenauge
Giersch	Pinselkäfer
Wiesenschaumkraut	Aurorafalter
Wollziest	Wollbiene
Wildrosen	Blattschneiderbiene
Wilde Möhre	Raupe vom Schwalbenschwanz
Fenchel	Streifenwanze
Stachel- und Brombeere	braungelbe Sandbiene
Taubenskabiose	Gemeiner Bläuling (Falter)
Fetthenne	Kleiner Fuchs (Falter)
Hornklee	Zwergbläuling (Falter)
Wiesenflockenblume	Schachbrett (Falter)
Wiesenknopf	Widderchen (Falter)

Eine Wollbiene sammelt Fasern am Wollziest (links), der Pinselkäfer wird vom Duft der Wildrosen angezogen (rechts). Recht häufig findet man Pinselkäfer auf den Blüten des Giersch.

Pflanzenart	prominenter Besucher
Wiesensalbei	Steinhummel
Wiesenbocksbart	Bock- und Blattkäfer
Schwanenblume (Wasserpflanze)	Hainschwebfliege
Schmetterlingsflieder	etliche Falter, z. B. Admiral
Schwarze Königskerze	Furchenbiene
Färberkamille	Raupe vom Kamillengraumönch, Maskenbiene
Heidenelke	Zitronenfalter, Taubenschwänzchen, Keulhornbiene
Kleines Habichtskraut	Hosenbiene, Mauerbiene
Moschusmalve	Langhornbiene, Rüsselkäfer
Orangerotes Habichtskraut	Zottiger Rosenkäfer
Prachtnelke	Keulhornbiene
Milder Mauerpfeffer	Erdhummel, Raupe vom Apollofalter
Lungenkraut	Pelzbiene
Zypressenwolfsmilch	Rotrückiger Irrwisch (Wanzenart)

Die Raupe vom Schwalbenschwanz lebt auf der Wilden Möhre (links) und der Schachbrettfalter tankt Nektar auf den Blüten der Wiesen-Flockenblume (rechts).

KEINE ANGST VOR WESPEN UND HORNISSEN!

Genaugenommen gehören auch die Hornissen zu den Wespen. Es werden weltweit rund 4.000 Arten in der Familie der Faltenwespen (*Vespidae*) zusammengefasst. In Mitteleuropa leben rund 100 Arten an Faltenwespen. Die Hornisse ist die größte Faltenwespe Europas.

Als prominente Unterfamilien der Faltenwespen wären die Echten Wespen (*Vespinae*) und die Feldwespen (*Polistinae*) zu nennen. Bei den im Spätsommer häufig so lästig werdenden Wespen handelt es sich vorwiegend um nur zwei Arten: Die Gemeine Wespe (*Vespula vulgaris*) und die Deutsche Wespe (*Vespula germanica*). Beide Arten gehören zu den Echten Wespen.

Hornissen treten normalerweise weit weniger aggressiv in Erscheinung, insofern man sie nicht an ihrem Nistplatz stört. Ein weiterer Vorteil der Hornissen ist ihr immenser Appetit auf Mitglieder der beiden oben genannten Wespenarten, die uns im Spätsommer und Herbst partout nicht im Freien speisen lassen wollen.

Lassen wir einfach allen Wespen ihr Leben, stellen wir gegebenenfalls etwas Naschwerk für die Insekten auf, sodass sie beschäftigt sind, während wir unseren Pflaumenkuchen essen, oder sprühen wir vorsichtig mit einer Sprühflasche etwas Wasser auf die Angreifer, die daraufhin glauben, es hätte einen Schauer gegeben, woraufhin sie meist in Richtung Nest düsen.

Oder zücken wir die Kamera, denn eines sind Wespen in jedem Fall: fotogen!

1: Gelegentlich sieht man Wespen auch auf Blüten, hier auf einer blühenden Fencheldolde.

2: Wespen gründen ihren Staat gelegentlich in einem gewöhnlichen Vogelnistkasten.

3: Auge in Auge mit einer Hornisse, die sich dem Menschen gegenüber normalerweise recht friedlich verhält.

4: Hornissennester werden häufig in den Höhlen alter Bäume angelegt.

SANFT UND BRUMMIG: HUMMELN FÖRDERN

Hummeln sind schon teils recht imposante Tiere von ihrer Erscheinung her. Sie zählen zu den auffälligsten und zeitigsten Blütenbestäubern hierzulande.

Den meisten Menschen sind die häufig ein wenig behäbig wirkenden Frühlingsboten sympathisch, wenn sie manch einem auch auf Grund ihrer Größe und dem teils recht lauten Brummen bedrohlich erscheinen.

Dabei sind Hummeln generell wenig angriffslustig und sie stechen in der Regel nur, wenn man sie durch Quetschen in Bedrängnis bringt. Ansonsten könnte man die pelzigen Hautflügler auch gefahrlos auf die Hand nehmen und sie dabei ganz genau betrachten.

Weltweit existieren mehrere Hundert Arten, wobei die meisten von ihnen in den gemäßigten Zonen Europas, Nordamerikas und Asiens vorkommen. Im Gegensatz zu den Bienen, mit denen sie verwandt sind, haben Hummeln es geschafft, bis in arktische Gebiete vorzudringen. Die dichte Behaarung der Hummeln verdeutlicht ihre Affinität zu kälteren Regionen.

Die nördlichste Hummelart lebt nur rund 880 km vom Nordpol entfernt. In diesen Breiten bleiben die Völker jedoch wegen der sehr kurzen Vegetationsperiode recht klein.

In tropischen Gebieten dagegen leben Hummeln nur in den kühleren Regionen, wie etwa an der Nordküste Afrikas oder in den Höhenlagen Mittel- und Südamerikas.

Steinhummel (*Bombus lapidarius*) auf einer Blüte der Färberkamille

Rein physikalisch gesehen, dürften einige besonders große Hummelarten gar nicht fliegen können. Aber sie tun es dennoch!

Wir Menschen müssen auch nicht jedes Geheimnis der faszinierenden Natur, in der wir leben, lüften. Manchmal reicht es aus, deren Schönheiten einfach nur zu bewundern und ein wenig zum Schutz der darin lebenden Tiere beizutragen.

Wenngleich Hummeln auch nicht unbedingt zu den wichtigsten Bestäubern unserer Nutzpflanzen gehören, sind sie dennoch ausgesprochen nützlich sowie leider auch in ihrer Existenz bedroht. Jahr für Jahr verschwinden ein paar Arten. Sie leiden sehr stark unter dem Rückgang von naturbelassenen Lebensräumen sowie dem Einsatz von Pestiziden und Insektiziden.

Da Hummeln auch noch an Tagen fliegen, die den wärmeliebenden Bienen deutlich zu kalt sind, füllen sie damit eine wichtige Lücke im Bestäubungs-Zeitplan der Natur.

Es gibt sowohl **langrüsselige** Arten (Wald-, Acker- und Gartenhummel) wie auch **kurzrüsselige** Arten (Dunkle und Helle Erdhummel, Wiesen-, Baum- und Steinhummel).

Bei etlichen Arten existieren teils auffällige Farbvariationen. Hier wären vor allem die Veränderliche Hummel, die Acker-, Deich-, Garten-, Feld- sowie die Dunkle und Helle Erdhummel zu nennen.

WOHNUNG GESUCHT!

Neben giftfreien **Blumenwiesen, die nicht vor Juli gemäht werden,** sowie weiteren Angeboten an Blüten rund ums Jahr können wir Hummeln auch fördern, indem wir ihnen Nistraum zur Verfügung stellen.

Die gesellig in Staaten organisierten Insekten sind dankbar, wenn sie in unseren Gärten geduldet werden. Sie sind zudem äußerst fantasievoll bei der Auswahl eines Nistplatzes.

Viele Hummelarten nutzen nur zu gerne einen Vogelnistkasten zur Bildung ihres Staates, daher wäre es eine ernstzunehmende Maßnahme, einige zusätzliche Nistkästen aufzuhängen, gerne auch einige in nicht so großer Höhe, da Hummeln normalerweise und überwiegend in Bodennähe oder gar im Boden direkt nisten. Sie nutzen bevorzugt alte, verlassene Mäusenester, um in diesen Hohlräumen ihren Staat zu gründen. Das von den Mäusen zurückgelassene Polstermaterial wird auch von der Hummelkönigin benutzt, um die ersten Kokons darin einzubetten.

Dieser Nistkasten steht auf dem Beet oberhalb einer Trockenmauer und ist sogleich von einer Ackerhummel bezogen worden.

Keusche Kuckuckshummeln (*Bombus vestalis*) auf den Blüten der Skabiose

Hummeln sind jedoch nicht allzu streng, was die Örtlichkeit ihres Nestes betrifft. Sehr viele Arten nisten sowohl unterirdisch in verlassenen Mäusenestern, als auch oberirdisch, etwa unter Moos, Grasbüscheln, trockenem Laub oder halt in einem Nistkasten, der ursprünglich für Vögel aufgehängt wurde.

Lupenbecher

In einem so genannten „Lupenbecher" können kleine Insekten von Kindern ganz genau „unter die Lupe" genommen werden. Hierzu werden die Insekten gefangen und für kurze Zeit in den Becher gesperrt. Durch die eingebaute Lupe im Deckel werden die Insekten vergrößert und man erkennt viele interessante Details.

Es versteht sich von selbst, dass die gefangenen Insekten schon nach kurzer Zeit wieder in die Freiheit entlassen werden!!

HUMMELNISTKÄSTEN

Natürlich bietet der Fachhandel hübsche Nistkästen für Hummeln mit abnehmbarem Deckel an. Doch sind diese Kästen recht teuer in der Anschaffung und man wird sich dann vermutlich auch nicht gleich mehrere von ihnen leisten wollen.

Daher lohnt sich hier in jedem Fall der Eigenbau. Man benötigt nicht allzu viel Material und keine besondere Handfertigkeit und kann gleich mehrere dieser Nistmöglichkeiten anbieten, denn in der Regel lassen sich Hummeln keine Vorschriften über den Ort machen, an dem sie ihr Nest errichten. Sie wählen den Ort selbst und selten an einem von uns gewünschten Ort. Daher ist es in jedem Fall besser, gleich mehrere potentielle Neststandorte vorzubereiten. Mit etwas Glück zieht dann eine Hummel – oder auch gleich mehrere – dort ein!

Hübsche Hummelkästen bietet auch der Fachhandel an.

Ein oberirdischer Hummelnistkasten kann leicht selbst gebaut werden

Um einen oberirdischen Hummelnistkasten zu bauen, benötigt man eine größere Holzkiste mit einem abnehmbaren Deckel, eine Verbindungsröhre aus Kunststoff, Metall, Holz oder fester Pappe sowie einen Innenkarton bzw. eine kleinere Kiste, etwas Kleintierstreu und Polstermaterial.

Der Karton wird auf kleine Leisten oder Holzklötze in den Holzkasten gestellt, mit dem Kleintierstreu und dem Polstermaterial gefüllt und über eine Verbindungsröhre mit dem Kasten so verbunden, dass die Insekten von außen bis in die innere Kiste hineinklettern können. Der innere Karton wird gut verschlossen, nachdem man ihn mit Kleintierstreu, Moos und etwas Polstermaterial befüllt hat.

Im Inneren des Holzkastens steht ein Karton oder eine Kiste auf Holzleisten, die man mit Kleintierstreu, ggf. etwas Moos und Polstermaterial gefüllt hat.

Sie kann über eine Verbindungsröhre von außen erreicht werden. Diese Verbindungsröhre hat einen Mindestdurchmesser von 2 cm!

Was eignet sich am besten als Einstreu und Polstermaterial?

Im Grunde genommen will man mit dem Bau eines Hummelnistkastens ein altes Mäusenest imitieren, denn Hummeln nutzen bevorzugt die verlassenen Quartiere von Mäusen, da hier alles vorhanden ist, was sie zum Bau ihres Hummelstaates benötigen: Ein trockener, meist unterirdischer Hohlraum und das entsprechende Polstermaterial zum Einbetten der ersten Waben.

Daher befüllt man die Hummelkästen oder -töpfe mit entsprechender Einstreu und ein wenig Polstermaterial.

Als Einstreu eignet sich Kleintierstreu, die aus Holz hergestellt wurde, sowie zusätzlich etwas trockenes **Moos.** Diese Materialien werden in einer Schicht von etwa 10 Zentimetern in den Nestraum gefüllt. Es wird eine Kuhle in die Streu hineingedrückt und dort hinein wird das Polstermaterial gelegt.

Füllmaterial für ein Hummelnest: von links aus im Uhrzeigersinn: Kleintierstreu, Schafwolle, Heu, Stroh und in der Mitte trockenes Moos.

Als Polstermaterial bestens geeignet ist Kapok!

Kapok wird aus den Fasern der Früchte eines tropischen Baumes gewonnen. Die Fasern sind maximal 19 Millimeter lang und haben dadurch einen immensen Vorteil gegenüber der häufig empfohlenen Polsterwolle, die aus alten Kleidungsstücken gewonnen wird.

Polsterwolle beinhaltet häufig lange Fäden aus Kunststoff, die für die Hummeln zur Gefahr werden können, indem sie sich darin verwickeln!

Kapok ist ein lockeres und leichtes Material mit guter Wärmedämmung.

Alternativ wäre auch **Schafwolle** verwendbar, wenn man sie zu kleinen Flöckchen zerpflückt.

Weiters kann auch trockenes **Laub, Heu oder Stroh** zum Polstern verwendet werden!

EIN HUMMELNEST IM TONTOPF?

Eine sehr einfache Möglichkeit, einem Hummelvolk ein Zuhause im Garten anzubieten, besteht darin, einen Tontopf in die Erde einzugraben.

Mit einem Deckel und einem seitlich hineingebohrten Loch entsteht eine trockene Behausung, die mit etwas Glück von einer Hummel als Neststandort gewählt wird.

Benötigtes Material
1 großer Tontopf mit Abzugsloch
passender Deckel
ein paar Steine zum Beschweren des Deckels
Füllmaterial (siehe S. 56)

Werkzeug
Bohrmaschine
Lochkreisbohrer-Aufsatz
(Durchmesser ca. 20–25 mm)

Herstellung

Idealerweise wählt man als Standort für den Hummeltopf ein Areal, welches dicht mit Wildpflanzen bewachsen ist. Die Hummeln fühlen sich sicherer, wenn sich das Nest gut versteckt in der Vegetation befindet.

Man benötigt nicht viel: einen großen Tontopf, einen Untersetzer als Dach und ein paar Steine zum Beschweren.

Einen Lochkreisbohrer-Aufsatz verwendet man normalerweise für Fliesen.

Mit etwas Feingefühl wird im oberen Drittel des Topfes ein Loch in die Seitenwand gebohrt.

Der Tontopf wird zu rund ¾ seiner Höhe in ein Erdloch gesetzt, sodass sich das Einflugloch noch deutlich über dem Erdniveau befindet.

Kleintierstreu und trockene Moospolster werden rund 10 cm hoch in den Topf gefüllt. In eine Mulde wird das Polstermaterial gegeben, welches aus Schafwolle, Kapok und Heu bestehen kann.

Der Hummeltopf ist fertig und wartet auf die neuen Untermieter! Blumen und Wildkräuter werden um den Topf herum wachsen gelassen.

DIE WICHTIGSTEN HUMMEL-TRACHTPFLANZEN

Die meisten Hummelarten bevorzugen die Nektarsuche an Pflanzen der bodennahen Krautschicht, wozu vor allem **Nesseln, Wicken und Klee** gehören. Wenn hier allerdings ein Mangel an Blüten besteht, bedienen sie sich gerne auch an den Blüten von Obststräuchern oder Bäumen, hier vor allem an Beerenobst, Weiden und Obstbäumen.

Damit die fleißigen Brummer rund ums Jahr etwas Blühendes im Garten finden, sollte man vor allem die Blühzeiten der Hummel-Trachtpflanzen berücksichtigen.

Ackerhummel (*Bombus pascuorum*) am Salbei

Salbei ist eine beliebte Hummelpflanze.

Trachtpflanzen für Hummeln

Pflanzenart	Blütezeit
Frühlingskrokus	Februar – März
Weiße, gelbe, rote Taubnesseln	März – Mai, 2. Blüte im Herbst
Weiden	je nach Art ab März (Salweide) – Juni
Spitzahorn	April
Johannisbeeren	April – Mai
Zierjohannisbeeren	April – Mai
Stachelbeeren	April – Mai
Rotklee	April – Oktober
Kastanien	Mai
Bergahorn	Mai – Juni
Feldahorn	Mai – Juni
Ackerbohnen, Dicke Bohne	Mai – Juni
Garten-Erbse	Mai – Juni
Heidelbeeren	Mai – Juni
Goldregen	ab Mitte Mai – Ende Juni
Wiesensalbei	Mai – August
Zimt-Himbeere	Juni – Juli
Gartenbohnen, Feuerbohnen	ca. Juni – August
Weißklee	Juni – August
Wildrosen	Juni – August
Linden	ab Juni (Sommerlinde), Juli (Winterlinde) – August (Silberlinde)
Esparsetten-Tragant	Juni – September
Blaue Luzerne	Juni – September
Phacelia, Bienenfreund	Juni – September
Dornige Hauhechel	Juni – September
Wicken	Juni – Oktober

Johannisbeeren werden von Mensch und Tier gleichermaßen geliebt.

Der rote Klee ist eine wichtige Hummel-Trachtpflanze.

Auch die fremdländische Zimt-Himbeere wird sehr gerne von Hummeln besucht!

Esparsetten-Tragant gehört zu den Hummel-Trachtpflanzen.

ERSTE HILFE FÜR GESCHWÄCHTE NEKTARSAMMLER

Auch wenn sich das für den einen oder anderen Naturfreund etwas weltfremd anhören mag, so gilt tatsächlich die Empfehlung, dass wir eingreifen sollten, wenn wir im zeitigen Frühjahr vor Kälte erstarrte oder ermattete Hummeln im Garten finden!

Es passiert recht häufig, dass Hummelköniginnen vorzeitig aus dem Winterschlaf erwachen und dann noch keine Blüten vorfinden beziehungsweise viel zu wenige, um ihren Energiebedarf zu decken.

Wir können den Tieren helfen, indem wir ihnen eine von uns zubereitete Zuckerlösung anbieten. Sie nehmen diese Ersatznahrung sehr gerne an.

So eine Hilfsaktion kann auch gemeinsam mit Kindern ausgeführt werden. Damit könnte das Gefühl gestärkt werden, dass wir Menschen auch dann etwas für die Tiere vor der Haustür tun können, wenn diese in Not geraten sind.

Wie beglückend ist es für Groß und Klein zu sehen, wie die geschwächte Hummel nach der Aufnahme der Zuckerlösung allmählich wieder munterer wird und sie schließlich laut brummend davonfliegt.

So geht's:

- Man vermischt 4 Teile Fruchtzucker mit 2 Teilen gewöhnlichem Rohrzucker und 3 Teilen Wasser.
- Die Flüssigkeit wird mit einem Löffel so lange verrührt, bis sich der Zucker vollständig aufgelöst hat. Das kann bisweilen recht lange dauern und ist erkennbar an den vorhandenen Zuckerkörnchen. Solange diese noch sichtbar sind, muss weitergerührt werden, bis eine glatte, homogene Masse entstanden ist.
- Nun wird die Zuckerlösung in kleine Behälter gefüllt. Bewährt haben sich umgedrehte Legosteine, da die Hummeln darauf sitzen können, ohne in die Flüssigkeit zu fallen. Sie saugen die Lösung dann mit ihrem Rüssel aus den kleinen Behältern, die bis zum Rand mit dem flüssigen Zucker aufgefüllt sein sollten.

HINWEIS!

Reste der Zuckerlösung können im Kühlschrank aufbewahrt werden!

Eine dunkle Erdhummel (*Bombus terrestris*) beim Sammeln von Pollen in einer Herbst-Anemonenblüte

SCHMETTERLINGE: GARANTEN FÜR GUTE LAUNE!

Kein anderes Mitglied der riesengroßen Insektenfamilie kann so unvermittelt gute Laune verbreiten, wie es ein bunt schillernder Schmetterling vermag.

Staunend schauen wir dem Tagfalter nach, wenn er in unstetem Auf und Ab federleicht durch den Sonnenschein flattert und uns zeigt, wie einfach doch das Leben wäre, würde man sich diese beschwingte Leichtigkeit eines Falters zu eigen machen.

Nur zu gerne möchten wir eine möglichst große Anzahl an bunten Faltern in unseren Garten locken. Und dabei sind Schmetterlinge nicht einmal besonders wählerisch, was die Blüten angeht, die sie zum Tanken von süßem Nektar besuchen. Mit ihren langen Rüsseln saugen sie den Nektar aus ganz unterschiedlichen Blüten heraus. Daher ist es zur Förderung der erwachsenen Tag- und Nachtfalter meist ausreichend, wenn während der gesamten Gartensaison immer etwas Blühendes im Garten vorhanden ist. In einem bunten Blumengarten darf man demnach mit dem Besuch von Schmetterlingen aller Arten rechnen.

Das Rotbraune Ochsenauge (*Pyronia Aitkonus*) hält sicht gut versteckt zwischen den Stängeln von Blumen und Kräutern auf.

Die Flügelunterseiten des Tagpfauenauges sind dunkel gefärbt.

NUR DIE RAUPEN SIND WÄHLERISCH!

Weit komplizierter verhält es sich jedoch mit den Schmetterlingsraupen!

Sie benehmen sich doch viel eher wie verwöhnte Prinzessinnen und mögen häufig ganz spezielle Wirtspflanzen, worauf sie nicht selten existentiell angewiesen sind. Und ohne Raupen gibt es natürlich keine Falter! Das sollte jedem umweltbewussten Naturgärtner klar sein!

Wer also Schmetterlinge im eigenen Garten speziell fördern und unterstützen möchte, der sollte, neben vielen Blüten, vor allem die Raupenfutterpflanzen im Garten dulden oder gar eigens für bestimmte Schmetterlingsarten beziehungsweise deren Raupen einige von ihnen anpflanzen.

HINWEIS!

Speziell für Weidetiere ist das Jakobskreuzkraut eine problematische Pflanze, die Pferde, Rinder und andere auf Weiden gehaltene Tiere schwer schädigen kann. Die enthaltenen Pyrrolizidin-Alkaloide werden in der Leber der Tiere zu giftigen Substanzen verstoffwechselt. Besonders giftig sind die Blüten der Pflanze. Will man das Heu einer Wiese als Viehfutter verwenden, sollte das Jakobskreuzkraut zuvor gründlich entfernt werden!

Die gelb-schwarz gestreiften Raupen vom Jakobskrautbär tummeln sich, wie könnte es anders sein, auf dem Jakobskreuzkraut (*Jacobaea vulgaris*).

Hilfreich bei der Pflanzenauswahl ist nachfolgende Tabelle

Schmetterlingsart	Raupenfutterpflanze
Admiral (*Vanessa atalanta*)	Brennnessel
Kleiner Fuchs (*Aglais urticae*)	Brennnessel
Aurorafalter (*Anthocharis cardamines*)	Knoblauchsrauke, Gewöhnliche Nachtviole, Wiesenschaumkraut
Tagpfauenauge (*Aglais io*)	Brennnessel, seltener an Hopfen
Distelfalter (*Vanessa cardui*)	Brennnessel, Ackerkratzdistel, Eselsdistel
Schwalbenschwanz (*Papilio machaon*)	Fenchel, Wilde Möhre, Petersilie, Kümmel, Dill, Pastinake, Weinraute, Diptam
Zitronenfalter (*Gonepteryx rhamni*)	Faulbaum, gewöhnlicher Kreuzdorn
Brauner Bär (*Arctia caja*)	Sauerampfer, Brennnessel, Mädesüß u. a.
Abendpfauenauge (*Smerinthus ocellata*)	Weiden, Pappeln, Birke, Obstbäume
Hauhechelbläuling (*Polyommatus icarus*)	Weißklee, Hopfenklee, Gewöhnlicher, Hornklee, Dornige Hauhechel, Bunte Kronwicke
Gemeiner Bläuling, Hauhechel-Luzerne, Bläuling (*Polyommatus icarus*)	Gewöhnlicher Hornklee, Hopfenklee, Bunte Kronwicke, Dornige Hauhechel u. a.
Faulbaum-Bläuling (*Celastrina argiolus*)	Europäische Stechpalme, Efeu, Johannisbeere, Kreuzdorn, Lupine, Faulbaum
Jakobskrautbär (*Tyria jacobaeae*)	Jakobskreuzkraut, Huflattich, Pestwurz
Landkärtchen (*Araschnia levana*)	Brennnessel, Gewöhnlicher Klettenkerbel
Taubenschwänzchen (*Macroglossum stellatarum*)	Labkräuter (*Galium ssp.*)
Kleiner Feuerfalter (*Lycaena phlaeas*)	Ampfer-Arten (*Rumex ssp.*)
Kaisermantel (*Argynnis paphia*)	Veilchen-Arten (*Viola ssp.*), gelegentlich am Echten Mädesüß
Trauermantel (*Nymphalis antiopa*)	Birken, Weiden und Ulmen

HINWEIS!

Da recht viele Schmetterlingsraupen auf Gehölzen leben, ist eine gemischte Hecke aus heimischen Straucharten ein sehr guter Schutz für Falter!

Die Raupe vom Schwalbenschwanz sitzt gut getarnt auf ihren Futterpflanzen, wozu Dill, Fenchel und Wilde Möhre gehören.

Zwei Exemplare des Kaisermantel auf blühendem Mädesüß, welches auch zu seinen Raupenfutterpflanzen gehört!

Der kleine Braun-Dickkopffalter besucht gerne auch die Kamillenblüten am Feldrand oder im heimischen Kräuterbeet.

Schmetterlingsart	Raupenfutterpflanze
Großer Fuchs (*Nymphalis polychloros*)	Salweide, Zitterpappel, Apfel, Birne
Kleiner Schillerfalter (*Apatura ilia*)	Pappel-Arten (*Populus ssp.*), Salweide
Großer Eisvogel (*Limenitis populi*)	Espe, gelegentlich Schwarzpappel
Brauner Waldvogel (*Aphantopus hyperantus*)	zahlreiche Süß- und Sauergräser
C-Falter (*Polygonia c-album*)	Hopfen, Salweide, Ulmen, Brennnessel
Dickkopffalter (*Hesperiidae spec.*)	Einheimische Wiesengräser
Mittlerer Weinschwärmer (*Deilephila elpenor*)	Weidenröschen, Springkräuter
Ligusterschwärmer (*Sphinx ligustri*)	Liguster, Flieder, Esche, Johannisbeere, Himbeere, Spiersträucher
Widderchen, Blutströpfchen (*Zygaenidae spec.*)	Gewöhnlicher Hornklee u. a. Kleearten
Apollofalter (*Parnassius apollo*)	Milder Mauerpfeffer, Tripmadam, Gelber Lerchensporn, Fetthennen

Wer möchte nicht möglichst viele bunte Tagfalter in seinem Garten beobachten können: Zitronenfalter (links oben), Schwalbenschwanz (rechts oben), Admiral (links)

WIDDERCHEN ALS BIOINDIKATOREN FÜR EINE INTAKTE UMWELT

Eine recht interessante Falterfamilie sind die Widderchen (*Zygaenidae*), die mancherorts auch Blutströpfchen genannt werden.

Meist handelt es sich um rot-schwarz gefärbte oder metallisch glänzende Nachtfalter, deren Raupen in der Regel gelb-schwarz gezeichnet sind, den Warnfarben, die für die Giftigkeit eines Insekts stehen.

Widderchen sind recht standorttreue Tiere, sodass man sie wunderbar als Bioindikatoren für die Intaktheit eines Biotops verwenden kann. Die vorhandene Anzahl an Individuen zeigt an, inwiefern die Landschaft mitsamt ihrer Flora noch als Lebensraum für Falter und andere Insekten funktioniert.

Leider sind beinahe alle Widderchen in Mitteleuropa inzwischen gefährdet oder sogar stark gefährdet, was leider nichts Gutes über den Zustand unserer schönen Natur aussagt. Gründe für den Rückgang der Widderchen in Europa werden in der Stickstoffdüngung, der Intensivierung der Landwirtschaft, dem Trockenlegen feuchter Wiesen und dem weiteren Verlust von Lebensräumen, wie Hecken oder Magerrasen, gesehen.

Das Sechsfleck-Widderchen (*Zygaena filipendulae*) auf einer Distelblüte

BRENNNESSELN IN SONNIGER LAGE: EIN SCHMETTERLINGSRAUPEN-BUFFET VOM FEINSTEN

Wie man in der Tabelle auf S. 65 sehen kann, taucht vor allem der Name einer Pflanze immer wieder darin auf.

Es ist die Brennnessel! Die Raupen sehr vieler Schmetterlinge scheinen diese Pflanze zu mögen!

In aller Regel handelt es sich hier um die Große Brennnessel (*Urtica dioica*), eine bei den meisten Gärtnern nicht gerade gern gesehene Pflanze, die sich durch Samen, aber auch sehr rasant durch unterirdische Wurzelausläufer im Garten ausbreitet, insofern man ihr keinerlei Einhalt gebietet.

Natürlich sei es jedem Gärtner überlassen, ob er Brennnesseln im Garten jäten möchte oder nicht.

Wer seine Zierpflanzen allerdings nicht von einem Meer an brennenden Nesseln überwuchert sehen will, kommt nicht umhin, die Pflanzen dort, wo sie sich besonders wohlfühlen – und man doch eigentlich andere Pflanzen kultiviert hatte –, mitsamt dem Wurzelgeflecht herauszureißen.

Dennoch ist es eine Überlegung wert, einen Teil der Brennnesseln im Garten zu dulden oder der wertvollen Pflanze doch immerhin Areale im Garten zuzuweisen, wo sie sich in Ruhe ausbreiten und ein wenig wuchern darf.

Wenn sich dieses Areal an einer sonnigen Stelle im Garten befindet und es auch nicht allzu klein ist, besteht eine recht große Chance, dass einige Schmetterlingsarten hier ihre Eier ablegen und wir uns schon bald über besonders viele und farbenprächtige Falter im Garten freuen dürfen!

Gesundheits-Tipp

Brennnesseln sind nicht nur für die Raupen von Schmetterlingen wertvoll!

Brennnesseln vor blühendem Klettenlabkraut. Was als schön empfunden wird, liegt letztlich im Auge des Betrachters!

Im Frühjahr führt die Brennnessel die Hitliste der Vitamin-C-Spender mit sage und schreibe rund 1.250 mg pro Kilogramm Frischmasse an. Am besten erntet man die jungen Triebe, sobald sie im Februar/März aus dem Boden sprießen, und nutzt sie für Salate, grüne Smoothies oder gepressten Frischsaft. **Brennnesseln beleben den gesamten Organismus** durch die Zufuhr von Vitaminen, Mineralstoffen und Spurenelementen. Sie entgiften, entwässern und stärken unser Immunsystem **wie auch das Grün von Löwenzahn, Giersch, Gänseblümchen, Knoblauchsrauke, Vogelmiere, Bärlauch und Gundelrebe!**

Zwei Bläulinge auf einer einzigen Blüte. Tatsächlich gibt es bei den Bläulingen auch braun gefärbte Arten!

ÜBERWINTERN IN UNTERSCHIEDLICHER GESTALT

Die Art und Weise, wie Schmetterlinge den Winter überstehen, wurde von Art zu Art unterschiedlich gewählt. Während einige Arten als Raupe durch die kalte Jahreszeit gehen, wie etwa das Schachbrett, der Große Schillerfalter oder der Kleine Feuerfalter, dessen flache Raupen häufig bewegungslos auf Ampferblättern sitzen, verpuppen sich andere Arten vor der Winterruhe. Hier wäre der Aurorafalter als Beispiel zu nennen, dessen gut getarnte Puppe mit ihrem unteren Ende an einem Pflanzenstängel befestigt und zusätzlich durch einen Seidenfaden gesichert wird.

Wieder andere Schmetterlinge überwintern als Ei, wie etwa Zipfel- oder Apollofalter. Einige verbringen den Winter auch als ausgewachsene Falter, wozu der Trauermantel, das Tagpfauenauge, der Zitronenfalter, C-Falter und der Kleine Fuchs gehören. Das Tagpfauenauge tut dies gerne in Kellern und Schuppen, wo man den Falter aufgrund seiner fast schwarzen Flügelunterseiten nur schwer entdecken kann.

Ebenso gut getarnt versteckt sich der zierliche C-Falter mit zusammengeklappten Flügeln gerne zwischen totem Laub oder unter einem Rindenstück und verbringt die kalte Jahreszeit in einer Winterstarre.

Und dann wären da noch die Wanderfalter, die es vorziehen, in wärmere Gefilde zu ziehen, sobald es hierzulande kalt und ungemütlich wird.

Hierzu gehören Admiral, Taubenschwänzchen, Postillon-Falter und Distelfalter.

Das Landkärtchen überwintert als Puppe, daraus schlüpft im Frühling ein orange-braun gemusterter Schmetterling. Im Sommer fliegen überwiegend dunkel gefärbte Landkärtchen, sodass man lange Zeit glaubte, es handele sich um zwei unterschiedliche Arten.

DIE FABELHAFTE WELT EINES SCHMETTERLINGS AM BEISPIEL DES ZITRONENFALTERS

Am Beispiel des Zitronenfalters (*Gonepteryx rhamni*) lässt sich ein Falterleben wunderbar beschreiben, denn die normale Lebensdauer des zartgelb gefärbten Schmetterlings aus der Familie der Weißlinge beträgt etwa 12 Monate. Man könnte daher auch von einem Zitronenfalter-Jahr sprechen, welches mit der Eiablage der Weibchen im April beginnt.

An den Raupenfutterpflanzen, zu denen strauchige Kreuzdorngewächse, wie der Faulbaum oder der Purgier-Kreuzdorn, gehören, legt das Weibchen die Eier einzeln oder paarweise an die sich öffnenden Knospen der Futterpflanze ab.

Die geschlüpften Raupen sind auf der Mittelrippe der Blätter perfekt getarnt. Sie fressen die Blätter vom Rand her ab, bis sie groß genug sind, um sich zu so genannten Gürtelpuppen, an einem Ästchen hängend, zu verpuppen.

Die fertigen Falter schlüpfen im Sommer und fallen nach einer kurzen Flugzeit in eine Art Sommerstarre, woraus sie im Herbst erwachen, um sich in einer wiederum nur kurzen Flugzeit auf den Winter vorzubereiten.

Zitronenfalter verbringen die kalte Jahreszeit völlig ohne Schutz ganz frei in der Vegetation, entweder auf Zweigen, in den immergrünen Büschen von Stechpalmen, einem Efeugebüsch oder zwischen trockenem Laub auf dem Boden.

Durch körpereigene Stoffe, wie Glycerin, Sorbit und Eiweiße, senken sie den Gefrierpunkt

Ein Zitronenfalter im Herbst beim Auftanken an einer Asternblüte, bevor er in die lange Winterruhe geht.

ihrer Körperflüssigkeiten so weit, dass sie Temperaturen von bis zu –20 °C überstehen können. Gibt es im Winter längere Wärmephasen, so sieht man schon einmal mitten im Winter einen Zitronenfalter umherfliegen. In der Regel verharren die Falter jedoch in ihrer Winterstarre an einem Ort und sind nicht selten komplett von Schnee bedeckt, bis sie im zeitigen Frühjahr aus der Starre erwachen. Die hübschen gelben Falter zählen damit zu den ersten Frühlingsboten, die nach einem langen Winter gute Laune verbreiten. Es sind jedoch nur die Männchen, die so farbig gelb leuchten. Die Weibchen sind fast weiß und von einem normalen Weißling daher kaum zu unterscheiden.

Nach der Paarung legen die Weibchen im April ihre Eier an den Futterpflanzen ab und sterben bald danach, womit der Zyklus des Zitronenfalters abgeschlossen ist.

HINWEIS!

Wir helfen überwinternden Faltern, wie auch anderen Insekten, indem wir im winterlichen Garten möglichst wenige Aufräumarbeiten ausführen, also das Laub bis zum Frühjahr liegen lassen und Sträucher nur behutsam schneiden!

Das Gleiche gilt natürlich auch für Schuppen und Kellerräume, in die sich etliche Falter zurückziehen, bis es im Frühjahr merklich wärmer wird. Entdecken wir einen Falter, so wäre es eine Option, das Aufräumen und Putzen auf das Frühjahr zu verschieben.

Wen stört schon ein wenig Laub auf dem Gartenboden im Winter? Falter, Spinnen und Käfer wird es freuen, wenn wir ihnen eine Überwinterungsmöglichkeit anbieten (links).

Kräuter und Stauden sollten, der heimischen Tierwelt zuliebe, erst im zeitigen Frühjahr zurückgeschnitten werden. Das sieht sogar noch äußerst apart aus! (rechts).

KÄFER UND WANZEN – EINE SCHILLERND BUNTE INSEKTENGESELLSCHAFT

Auch die große und nicht selten schillernde Schar der Käfer, wie auch die der Wanzen, hat unsere Aufmerksamkeit wie auch unseren Schutz verdient.

Zwar werden viele in Bezug auf Käfer ganz allgemein eher an eine mögliche Plage, denn an Naturschutz denken. Man denke an den Kartoffelkäfer, der schon ganze Ernten vernichtet hat, oder an zeitlich weit zurückreichende Maikäferplagen.

Viele Käfer fressen viel! An dieser Aussage steckt mit Sicherheit viel Wahres, denn eines der Merkmale von Käfern sind ihre kauend-beißenden Mundwerkzeuge!

Die meisten Käferarten sind jedoch unschuldig und in der Natur eher als Regulatoren bekannt, wie etwa die **Aaskäfer** (*Silphidae*), zu deren Familie auch die Totengräber gehören.

Erwachsene **Aaskäfer** ernähren sich von faulenden Pflanzenresten, Exkrementen, Pilzen oder auch von den Raupen anderer Insekten. Für die Eiablage suchen sich die Käfer allerdings tote und in der Verwesung

Der Balkenschröter (links) wird manchmal mit dem Weibchen des Hirschkäfers verwechselt, nicht so sehr aber mit den männlichen Hirschkäfern (rechts), die durch ihr imposantes „Geweih“ unverwechselbar sind! Bei diesem „Geweih“ handelt es sich um die Mandibeln (= Oberkiefer) des Käfers!

Was ist ein Balkenschröter?
Der Balkenschröter ist ein imposanter Käfer. Die Männchen kann man leicht mit den Weibchen des Hirschkäfers verwechseln. Balkenschröter sind sowohl tag- als auch nachtaktiv. Sie ernähren sich von Baumsäften. Ihr Lebensraum sind Gärten oder Laubwälder mit altem Baumbestand. Das Balkenschröter-Weibchen legt ihre Eier in das morsche Holz umgestürzter Bäume. Da der Balkenschröter auf bereits abgestorbenem Holz lebt und die Bäume nicht primär schädigt, darf man auch ihn als Nützling ansehen.

befindliche Tiere, sodass sich ihre Larven von dem Kadaver ernähren können. Man könnte sie also auch als eine Art Gesundheitspolizei bezeichnen, die durch ihre Lebensart verhindert, dass sich über einen Tierkadaver Krankheiten ausbreiten können.

Weltweit sind bisher rund 350.000 Käferarten beschrieben worden. Diese Tiergruppe ist daher die artenreichste überhaupt! Sie treten in einer schier unendlichen Fülle an Formen, Größen, Farben und Lebensweisen auf. Besonders dekorativ sind die **Bockkäfer** (*Cerambycidae*) mit ihren teils endlos langen Fühlern und häufig metallisch bunt glänzenden Körpern.

Recht interessant sind auch die **Blatthornkäfer** (*Scarabaeidae*), zu denen Pillendreher, Maikäfer, Rosenkäfer und die imposanten Nashornkäfer gehören.

Der Trauer-Rosenkäfer (*Oxythyrea funesta*) besucht eine Margeritenblüte (links).
Den Himmelblauen Blattkäfer (*Chrysolina coerulans*) findet man an verschiedenen Minze-Arten (rechts).

WICHTIGE REGULATOREN IM WALD

Nach den beiden letzten Hitzesommern mit anschließender Borkenkäferplage steht in diesen Zeiten vor allem eine Käferart ganz hoch im Kurs: Es ist der **Rote Feuerkäfer** (*Pyrochroidae*)!

Man hat herausgefunden, dass auf dem Speiseplan seiner Larven, die zwischen Baum und Borke heranwachsen, auch die Larven des Borkenkäfers stehen. Seitdem werden Feuerkäfer als Nützling par excellence angesehen. Es handelt sich um bis zu zwei Zentimeter lange, leuchtend rote Käfer von schmaler Statur.

Man sollte die Feuerkäfer allerdings nicht mit den Feuerwanzen oder Lilienkäfern verwechseln. Feuerwanzen sind durch ihre auffallende Musterung allerdings recht eindeutig von einem Feuerkäfer zu unterscheiden.

Lilienkäfer sind wesentlich kleiner als es die Feuerkäfer sind und werden bisweilen im Blumengarten zur Plage, wenn sie sich mit großem Appetit über unsere schönen Lilien hermachen!

Häufig wird der Rote Feuerkäfer (oben) mit dem Lilienkäfer (links) und den Feuerwanzen (rechts) verwechselt!

LICHT AUS – SPOT AN! DIE GLÜHWÜRMCHEN-BELEUCHTUNG IM SOMMERLICHEN NATURGARTEN!

Natürlich handelt es sich auch beim bekannten Glühwürmchen um eine Käferart. Glühwürmchen gehören zur **Familie der Leuchtkäfer** *(Lampyridae)*!

Es ist schon überaus faszinierend und wirkt sehr geheimnisvoll, wenn bei uns in Mitteleuropa beheimatete Glühwürmchenarten (Kleiner oder Großer Leuchtkäfer, Kurzflügel-Leuchtkäfer) an einem lauen Sommerabend, nach Einbruch der Dunkelheit zur Partnersuche aufbrechen, dabei ein helles grünliches Licht an der Unterseite ihres Hinterleibs aussenden und unzählige Käfer den Garten in eine Szene wie aus einem Märchen verwandeln.

Das kalte Licht, welches die Käfer mittels chemischer Reaktion erzeugen, hat einen Wirkungsgrad von 95 %. Von so einem Wert können Hersteller von Leuchtmitteln aller Arten nur träumen.

Zum Vergleich: Eine LED-Lampe hat einen maximalen Wirkungsgrad von 45 %, eine herkömmliche Glühbirne kommt auf höchstens 5 %.

Meist sind es die Männchen, die umherfliegen. Die ebenfalls leuchtenden Weibchen sitzen auf einem Ast, Blatt oder auf dem Kompost und warten darauf, von einem Partner entdeckt zu werden.

Und es ist tatsächlich etwas Besonderes und durchaus ein seltener Moment, wenn wir Zeuge dieser Leuchtorgie werden, denn die Käfer haben zuvor 3 Jahre im Larvenstadium verbracht und leben dann nur wenige Wochen, während der sie einen Partner zur Paarung suchen müssen. Die Weibchen sterben kurz nach der Eiablage.

Glühwürmchen sind stark in ihrer Existenz bedroht, was nicht zuletzt am Rückgang naturnaher Lebensräume wie auch dem Einsatz von Pestiziden liegt. Auch die **Lichtverschmutzung in Städten und Wohnsiedlungen** behindert diese Käferart, die bei der Partnersuche auf ein dunkles Umfeld angewiesen ist. Daran sollten wir vor allem denken, wenn wir unsere Gärten mit allerhand Lichtquellen ausstatten möchten. Uns entgeht das sensationelle Spektakel der Glühwürmchen-Hochzeiten und das wäre doch mehr als schade!

Die Glühwürmchen-Hochzeit ist ein seltenes Spektakel an einem warmen Hochsommerabend. Noch seltener ist ein Anblick der Leuchtkäfer bei Tageslicht.

Glühwürmchen fördern

Da sich die Larven der Leuchtkäfer räuberisch von Nackt- und vor allem auch von Gehäuseschnecken ernähren, besteht ihre Förderung darin, Lebensgrundlagen für Gehäuseschnecken im Garten zu schaffen. Besonders gerne halten sich die Schnecken am Kompostplatz, zwischen altem Holz, in dichten Polsterstauden, giftfreien Blumenrabatten oder in Hecken auf! Haben wir möglichst viele dieser Standorte im Garten, lassen in der Regel auch die Glühwürmchen nicht lange auf sich warten! Auf Gift im Garten wie auch nächtliche Lichtquellen sollte unbedingt verzichtet werden!

Als Nebeneffekt dieser Fördermaßnahmen wäre eine deutliche **Reduktion der im Garten vorkommenden Nacktschneckenpopulationen** zu nennen!

Die Larven der Glühwürmchen ernähren sich von Schnecken.

WANZEN: VIEL SCHÖNER ALS IHR NAME SUGGERIERT

Wer bei Wanzen (*Heteroptera*) in erster Linie an die blutsaugenden Bettwanzen denkt, den wird man wohl erst noch davon überzeugen müssen, dass diese mit rund 3.000 in Europa beheimateten Arten recht große Familie durchaus ihren Reiz auch für den naturnahen Garten besitzt.

Zwar treten einige Wanzenarten bei massenhaftem Erscheinen durchaus als Schädling in Erscheinung, wie etwa die Raubwanzen (*Reduviidae*), die auch Krankheiten übertragen können, oder Beeren- und Kohlwanzen, die durch das Saugen von Pflanzensäften einen gewissen Schaden an den Kulturpflanzen anrichten können.

Die meisten Wanzen allerdings sind harmlos und noch dazu recht hübsch anzusehen. Man denke nur an die rot-schwarz gestreiften Streifenwanzen (*Graphosoma italicum*).

Man darf sich also auch an dieser Tiergruppe erfreuen und sie im Garten dulden oder gar fördern. Dazu reicht es einerseits aus, ihre Wirtspflanzen anzubauen, wie etwa Beerensträucher, Gewürze, Obstbäume und viele mehr. Andererseits hilft ein naturnah bewirtschafteter Garten, in dem Abgeblühtes auch im Winter auf den Beeten stehen bleiben darf, sowie eine Schicht aus Laub am Boden, den Wanzen, die kalte Jahreszeit in unserem Garten zu überstehen.

Gut getarnt ist die Grüne Stinkwanze im Gemüsebeet (links). Weit auffälliger unterwegs sind die rot-schwarzen Streifenwanzen (rechts).

KÄFERSCHUTZ IM GARTEN

Wie schon bei den Wanzen, so gilt auch für Käfer: Je mehr Pflanzenarten wir im Garten anbauen oder dulden, desto mehr Arten an Käfern, Wanzen, ja allgemein Insekten werden wir im Garten beobachten können.

Speziell für Käfer lässt sich noch hinzufügen, dass sie folgende zwei Gehölzarten besonders lieben:

Weißdorn und Eiche

Es versteht sich also von selbst, dass wir diese Gehölzarten im Garten besonders fördern sollten. Besonders wertvoll sind ältere Exemplare, die man, insofern sie unsere Gärten zieren, in jedem Fall erhalten soll!

Schnittholz von Eiche und anderen Baumarten sollte, wenigstens zu einem Teil, im Garten verrotten dürfen.

Für einen aktiven Käferschutz **legen Sie daher einen Altholzhaufen an!**

Hier werden sich die Käfer mit Vorliebe aufhalten, wie auch am **Komposthaufen** oder in der **Laubstreu** am Fuß einer Hecke!

Ein alter Baumstumpf, der im Garten verrotten darf, und dicke Laubschichten: So ein Umfeld lieben Käfer!

Der Feldahorn-Bock (*Alosterna tabacicolor*) ist ein hübscher, tabakbrauner Käfer, der sich auf Ahorn und Esche entwickeln kann.

Die Eiche: alt und ehrwürdig!

Unter allen heimischen Bäumen Europas nimmt die Eiche eine Sonderstellung ein. Nicht zuletzt aus dem Grunde, da sie schon seit Ewigkeiten hier bei uns in Europa existiert!

Nach der letzten Eiszeit kehrten die Eichen etliche Jahrtausende eher nach Mitteleuropa zurück, als es viele andere Baumarten taten. Es blieb also mehr Zeit für Anpassungen von Tieren und Pflanze, auch Koevolution genannt, sodass heute allein an Käfern mehr als 1.000 Arten auf mitteleuropäischen Eichen leben.

Vor allem auch die größten Käferarten Mitteleuropas sind hier zu finden, wie etwa Hirschkäfer (*Lucanus cervus*), Großer Goldkäfer (*Protaetia aeruginosa*) oder Nashornkäfer (*Oryctes nasicornis*).

Auch einer der farbenprächtigsten Laufkäfer Europas, der Große Puppenräuber (*Calosoma sycophanta*), ist auf die Eiche angewiesen, wenn er sich auf die Jagd nach den Raupen von Schwammspinner und Eichenprozessionsspinner macht.

Eichen bieten ihren Bewohnern, zu denen neben Insekten auch sehr viele Vögel und kleine Säugetiere, wie etwa Fledermäuse, gehören, ein überaus stabiles Habitat, was nicht zuletzt auch mit ihrem fast schon biblischen Alter zusammenhängt, welches sie erreichen können.

Mit einem maximalen Alter von mehr als 1.000 Jahren scheinen sie eine Brücke schlagen zu wollen zwischen Vergangenheit und dem Hier und Heute.

Wir können nur voller Bewunderung und Ehrfurcht vor so einem Baumgreis stehen und fragen uns so manches Mal, wie der knorrige alte Baum überhaupt so lange überleben konnte, wo er doch beinahe nur noch aus Höhlen zu bestehen scheint.

Diese besondere Fähigkeit der Eichen, langlebige Höhlen zu bilden, in denen auch Vögel und Fledermäuse leben können, ist vermutlich ebenfalls auf komplizierte Anpassungsmechanismen zurückzuführen.

Die Eichen haben gelernt, sich weiterhin mit Wasser und Nährstoffen zu versorgen,

Eichen bilden auch schon in jüngeren Jahren eine beträchtliche Menge an Totholz. Sie sind ein wichtiger Teil unserer Landschaft.

selbst wenn Pilze ihr Holz bis ins Kernholz hinein bereits zersetzt haben. Diese „Leistung“ macht ihnen so schnell kein anderer Baum nach.

Und genau diese großvolumigen Höhlen sind auch schon mit das seltenste und wertvollste, was unsere Wälder in punkto Artenschutz zu bieten haben.

Zu guter Letzt sei auch die Eigenschaft von Eichen erwähnt, besonders viel Totholz, also abgestorbenes Ast- und Kronenholz, zu besitzen.

Es gibt viele verschiedene Eichenarten, wie auch Kreuzungen. Die großen Blätter ganz oben stammen von der Amerikanischen Spitzeiche (Quercus rubra), auch Roteiche genannt, die bei uns nicht heimisch ist, jedoch zu sehr stattlichen Bäumen heranwächst. Rechts unten ein Zweig einer Stieleiche mit noch unreifen Eicheln. Des Weiteren diverse Eichenblätter und auch Eicheln in verschiedenen Größen. Da sich Eichen auch untereinander kreuzen, können die Bäume nicht immer zweifelsfrei bestimmt werden!

Eichen sind ungewöhnlich gute Totholzhalter!
Das ist vor allem in totholzarmen Zeiten von großer Wichtigkeit, wie man es jeweils nach den letzten beiden Weltkriegen erlebt hat.

Wenn Menschen aus einer Not heraus jedes Stück Brennholz aus dem Wald sammeln, so birgt dies große Gefahren für die Eichenfauna, hier vor allem auch für die zahlreichen Käfer, die in und vom Eichenholz leben.

Diese an den Eichen lebende Eichenfauna konnte während der Nachkriegszeiten nur mit dem reichlich in den Kronen der Eichen vorhandenen Totholz überleben, welches pro Hektar Mischwald rund 20 Festmeter beträgt!

Wie man sieht, gibt es etliche gute Gründe, eine der beiden Haupteichenarten Europas, also entweder eine Stieleiche (*Quercus robur*) oder eine Traubeneiche (*Quercus petraea*), im Garten zu pflanzen und deren Schutz und Pflege den nachfolgenden Generationen anzuvertrauen.

Gesundheitstipp: Eichenrinde
Auch für uns Menschen sind die Heilkräfte der Eiche ein Segen. Überaus wertvoll für unsere Gesundheit sind die Wirkstoffe, die in der Rinde der Eiche enthalten sind.

Am besten nutzbar gemacht werden die Inhaltsstoffe, zu denen Gerbsäure (z. B. Tannine, Catechine), Gallussäure und Quercetin gehören, wenn wir die Eichenrinde in kleine Stücke hacken, dann etwa 1–2 EL davon mit kochendem Wasser überbrühen und rund 10 Minuten ziehen lassen. Entzündungen an den Füßen oder Händen verschwinden durch ein 10-minütiges Fuß- oder Handbad. Auch ein Vollbad ist mit einem Zusatz von etwa zwei Handvoll Rindenstückchen möglich.

Sogar Zahnentzündungen sollen abheilen, wenn man mit dem Eichenrindensud den Mundraum spült.

ACHTUNG!

Eichenrindensud nicht länger als 2–3 Wochen anwenden, da die Haut davon stark ausgetrocknet werden kann!

Eichenrinde enthält besonders viel Gerbsäure.

MARIENKÄFER: ALLSEITS BELIEBTE GLÜCKSBOTEN

Das Kapitel über Käfer darf nicht enden, ohne einige Worte über den wohl bekanntesten Käfer unserer Region angefügt zu haben. Der meist gepunktete Marienkäfer (*Coccinellidae*) tritt in mehreren Farben auf. Er gilt vor allem in seiner roten Farbgebung als niedlicher Glücksbringer und ist insbesondere bei Kindern sehr beliebt. Aber wer mag den rundlichen Käfer nicht? Vor allem der Biogärtner ist sein bester Freund!

Es ist allgemein bekannt, dass er, gemeinsam mit seinen besonders gefräßigen Larven, Unmengen an Blattläusen vertilgt.

Marienkäfer beim Abflug

Natürliche Blattlausbekämpfung

Es ist doch in jedem Frühsommer dasselbe: Die ein oder andere Pflanze glänzt und klebt vom zuckerhaltigen Sekret der Blattläuse. Sie scheint komplett von Läusen vereinnahmt worden zu sein und jede Hilfe kommt scheinbar zu spät!

Machen Sie doch einfach folgendes Experiment!

Sammeln Sie überall im Garten die Larven der Marienkäfer und setzen Sie sie auf die mit Blattläusen befallene Pflanze.

Beobachten Sie, was geschieht, und freuen sich, dass die Blattlausplage schon nach wenigen Tagen deutlich verringert, wenn nicht sogar komplett erledigt wurde. Natürlich muss das Verhältnis von Pflanzengröße und Anzahl der Marienkäferlarven stimmen. Es ist immer wieder erstaunlich, wie viele Blattläuse von einer Handvoll Larven vertilgt werden. Weitere fleißige Helfer gegen Blattlausinvasionen sind neben Florfliegen und anderen räuberischen Insekten auch unsere munteren Singvögel, hier vor allem die Meisen, die ebenfalls unermüdlich auf Blattlausjagd gehen.

Es versteht sich also von selbst, dass der Bio- und Naturgärtner auf jeden Gifteinsatz verzichtet und bei allgemeinen Gartenproblemen, wie etwa Blattlausbefall oder Pflanzenkrankheiten, wie Mehltau oder Gitterrost, immer auf der Suche nach biologisch verträglichen Lösungen ist.

Die Larven der Marienkäfer sind Blattlausjäger par excellence: Nützlicher und fleißiger geht's nicht!

Wie fördere ich Marienkäfer und Florfliegen im Garten?

Die hübschen Marienkäfer überwintern als ausgewachsene Tiere (*Imago*). Florfliegen (*Chrysopidae*) entweder ebenfalls als vollständig entwickelte Imagines (Mehrzahl von „Imago“: das erwachsene geschlechtsreife Insekt) im Haus, wie etwa die Art *Chrysoperla carnea*, oder, was bei weit mehr Arten vorkommt, draußen im Freien in einem doppelwandigen Kokon als so genannte Präpuppe.

Sowohl die Marienkäfer als auch die zart geflügelten Florfliegen sind überaus gefräßige Blattlausvernichter. Eine einzige Florfliege bringt es im Laufe ihres Lebens auf rund 1.000 Blattläuse, welche von ihr ausgesaugt werden. Es versteht sich daher von selbst, dass wir diese eifrigen Helfer im Biogarten fördern möchten, so gut es eben geht.

Wir helfen Käfern wie auch Florfliegen am effektivsten, wenn wir ihnen neben einem reichen und abwechslungsreichen Pflanzenangebot auch Überwinterungsmöglichkeiten zur Verfügung stellen.

Doch vergessen Sie hierbei die so genannten Insektenhotels, die ein kleines mit Stroh gefülltes Fach bereithalten, damit hier angeblich Käfer oder andere Insekten während der kalten Jahreszeit Schutz suchen können. Damit die Käfer sich im Winter an einem bestimmten Ort einfinden, müssen wir schon etwas schwerere Geschütze auffahren als ein winziges Kästchen in einer Insektennisthilfe!

Weitaus förderlicher ist ein abwechslungsreich strukturierter Garten mit **dicken Laubschichten**, die man im Winter unberührt

Florfliege auf den Blüten der Wilden Möhre. Gibt es eine zartere Erscheinung im Reich der Insekten?

lässt, losen **Rindenstücken**, die man **an einem Baum befestigt** und in der Tat mit etwas Laub oder Heu füllt, mehreren **Reisighaufen**, einem **Stapel Holz** und vielleicht sogar einem kleinen **Heu- oder Strohlager**, welches wir, vor Regen geschützt, in einem offenen Schuppen oder unter einem Dachvorsprung lagern!

Das Heu kann dann später zum Mulchen des Gemüsegartens Verwendung finden.

Und auch hier soll noch einmal darauf hingewiesen werden, dass jeder Einsatz von Gift nichts im naturnahen Garten verloren hat!!

Hier könnten Florfliegen ein Winterquartier finden: Ein Stück Rinde wurde an einem Baum oder Pfahl befestigt, der Hohlraum hinter der Rinde mit trockenem Laub gefüllt. Durch ein kleines Rindendach und einen sicheren Halt, der vor dem Abrutschen schützt, bieten wir Florfliegen und vielen anderen Insekten ein warmes und trockenes Plätzchen in der kalten Jahreszeit.

Käfer und auch Florfliegen bevorzugen Reisighaufen und Altholzstapel als attraktiven Lebensraum und Winterquartier.

SCHWEBFLIEGEN: DIE MEIST VERKANNTEN NÜTZLINGE IM GARTEN

Spricht man über nützliche Insekten im Garten, werden doch meist Bienen, Hummeln oder einige bekannte Blattlausräuber, wie Marienkäfer und Florfliege, genannt. Wer würde schon an Schwebfliegen denken. Und doch kennt sie jeder, die im Schwirrflug an Blüten verharrenden Insekten, die in ihrem Aussehen häufig den Wespen oder Bienen ähneln. Dieses Imitieren äußerer Merkmale von weit wehrhafteren Insekten nennt man Mimikry. In der Tat sind Schwebfliegen völlig harmlos. Sie besitzen keinen Stachel und man erkennt sie auch an ihren großen Komplexaugen und der fehlenden „Wespentaille". Weltweit sind bisher rund 6.000 Arten der zu den Fliegen (*Diptera*) gehörenden Familie der Schwebfliegen (*Syrphidae*) beschrieben worden.

Aber sind sie tatsächlich auch so nützlich wie Bienen oder Marienkäfer?

Die Antwort lautet eindeutig: Ja, das sind sie!

Neben Bienen und Hummeln gehören die Schwebfliegen zu den wichtigsten Bestäubern unserer Nutzpflanzen wie auch anderer Blütenpflanzen in Garten und Natur. Noch dazu fressen die Larven der Schwebfliegen Unmengen an Blut- und Blattläusen sowie Raupen, Käferlarven und Spinnmilben. Man sollte sich also über ihr zahlreiches Erscheinen freuen!

Nach der Paarung legt das Schwebfliegen-Weibchen ihre Eier in der Nähe der Nahrungsquellen ihrer Larven ab.

Wie kann man Schwebfliegen im Garten fördern?

Wer Schwebfliegen im Garten speziell fördern möchte, der dulde oder pflanze möglichst viele ihrer Lieblingspflanzen:

- Ringelblume, Margerite, Flockenblume, Aster, Sonnenhut
- Sumpfdotterblume, Kriechender Hahnenfuß, Fenchel
- Weißdorn, Brombeere, Himbeere, Schlehe
- Bärenklau, Kerbel, Wilde Möhre
- Mauerpfeffer, Fetthenne
- Färberkamille, Echte Kamille

Es sind vor allem Korbblütler, wie Ringelblume, Aster und Margerite, und Doldenblütler, wie Bärenklau und Wilde Möhre, die von Schwebfliegen gerne besucht werden!

Weiterhin fördert man Schwebfliegen, indem man Möglichkeiten zum Überwintern anbietet beziehungsweise im Garten oder am Haus duldet, die da wären: Dichtes Gehölz oder Gestrüpp, Mauerspalten und -ritzen.

Von links oben nach rechts unten: Gelbbraune Gebirgsschwebfliege (*Arctophila superbiens*) auf Herbstaster, Große Sumpfschwebfliege (*Helophilus trivittatus*) auf Färberkamille, Gewöhnliche Langbauchschwebfliege (*Sphaerophoria scripta*) auf Weißem Mauerpfeffer und Hainschwebfliege (*Episyrphus balteatus*) auf Echter Kamille

DIE KOMPOSTANLAGE: GESELLIGER TREFFPUNKT IM BIO-GARTEN

Wer noch keinen Komposthaufen im Garten hat, der sollte nun schleunigst zur Tat schreiten!

Sehr viele Tierarten mögen das feuchtwarme Klima eines Komposthaufens sowie die darauf verrottenden Pflanzenreste. Hierzu gehören neben unzähligen Insekten, wie etwa **Asseln, Würmer, Springschwänze, Doppel-, Hundert- oder Tausendfüßer, auch Amphibien, wie etwa Kröten, einige Kleinsäuger, Spinnen und sogar Reptilien, wie Blindschleichen oder Ringelnattern.**

Auch **Vögel** statten dem Kompostplatz immer wieder gerne einen Besuch ab, denn hier finden sie allerhand Nahrhaftes.

Man könnte also durchaus behaupten, dass der Kompostplatz das Zentrum des Gartens ist und er auch eine wichtige Schaltzentrale in der Nützlingsförderung darstellt! Darüber hinaus entsteht hier das so genannte „Schwarze Gold", womit dunkler, hochwertiger Humus gemeint ist, der im Garten für gesunde Pflanzen sowie reiche Ernten sorgt.

Um explizit die Förderung der nützlichen Tierwelt des Gartens mit Hilfe einer Kompostanlage zu optimieren, sollten bei der Anlage und Instandhaltung folgende Regeln eingehalten werden:

- Achten Sie darauf, dass der Kompost über einen zum Erdreich offenen Boden verfügt. Auch zu den Seiten sollte der Kompost belüftet und für Tiere frei zugänglich sein. Verwenden Sie daher entweder einen losen Haufen oder einen Rahmen aus Holzlatten oder Drahtgeflecht. Geschlossene Behälter aus Kunststoff sind für die tierischen Bewohner des Gartens eher ungünstig!

Eine Kompostmiete aus Holzlatten, die auch seitlich über freie Zugänge verfügt, kann im tierfreundlichen Garten empfohlen werden.

- Vermeiden Sie mehrfaches Wenden und Umsetzen mit der Mistgabel, da hierdurch im Kompost wohnende Tiere, wie etwa Kröten oder Schlangen, gefährdet werden. Sorgen Sie stattdessen dafür, dass Sie das kompostierbare Material stets in dünnen Schichten und im Wechsel aufbringen, also auf eine gute Mischung von Grasschnitt, Laub, Zweigen sowie Grün- und Küchenabfällen achten!

Dünne Schichten Grasschnitt sowie Garten- und Küchenabfälle werden abwechselnd kompostiert.

- Achten Sie auf eine gute Befeuchtung des kompostierten Materials. Überbrausen Sie den Kompost gegebenenfalls an heißen Tagen mit einer Gießkanne, aber hierbei bitte auch nicht übertreiben. Das Material sollte feucht, aber nicht nass sein!
- Bedecken Sie den Kompost, um die Wärme darin zu halten. Als Deckel kann Dachpappe, ein Stück Wellblech, ein Teppichrest oder ein großes Holzbrett dienen. Diese Wärme mögen vor allem darin nistende Schlangen, wie die Ringelnatter, die bevorzugt ihre Eier in einer Kompostmiete ablegt.
- Betreiben Sie zwei oder mehrere Kompostmieten, damit wenigstens eine davon in Ruhe vor sich hin rotten kann, während Sie an den anderen Mieten arbeiten oder bereits reifen Humus daraus entnehmen und im Garten verteilen! Achten Sie bei der Entnahme von Humus stets auf mögliche Bewohner des Komposthaufens, damit kein Tier zu Schaden kommt!

Diese Kröte fühlt sich auf dem Komposthaufen sichtlich wohl!

WÜRMER UND SCHNECKEN

Warum werden gerade diese beiden Tiergruppen in einem Kapitel zusammengefasst, werden sich nun viele fragen.

Würmer und Schnecken haben verwandtschaftlich tatsächlich nicht viel miteinander zu tun. Und doch treffen wir sie häufig bei regnerischem Wetter an recht ähnlichen Orten.

Der Regenwurm, des Gärtners bester Freund, wie er auch genannt wird, ist ein Vertreter aus der Klasse der Gürtelwürmer (*Clitellata*). Er gilt ganz allgemein als Nützling. Bei Schnecken dagegen denken die meisten Menschen an allererster Stelle doch eher an angefressene Nutz- und Blütenpflanzen.

Jedes Kind weiß, dass Regenwürmer schnödes, abgestorbenes Pflanzenmaterial – zusammen mit mineralischen Bodenbestandteilen – zu wertvollem Humus verdauen, welcher vom Gärtner auch liebevoll und recht zutreffend „Schwarzes Gold" genannt wird.

Dass auch Schnecken bei der Verwertung von alten, gammeligen Pflanzenresten wie auch Tierkadavern beteiligt sind, das übersieht man doch allzu gerne und hält anscheinend wenige davon ab, fleißig Schneckenkorn im Garten auszustreuen, um die teuer erstandenen Blumen oder die gehegten Salatpflanzen vor den hungrigen Mollusken zu retten.

Und dabei sind beide, also Regenwürmer wie auch Schnecken, außer Humuserzeugern auch biologische Schädlingsbekämpfer.

Als Garten-Gesundheitspolizei machen sowohl Regenwürmer als auch jede Art von Schnecken eine gute Figur. Sie machen selbst vor mit Krankheiten befallenen Pflanzenresten nicht Halt.

Die Schnecken arbeiten hierbei meist oberirdisch, die Regenwürmer fressen unter der Erde. Sie ziehen dabei Blatt für Blatt in ihren unterirdischen Gang hinein.

Weinbergschnecke auf Futtersuche im regennassen Garten

Eine gute Möglichkeit, **Regenwürmer im Garten** zu **fördern**, besteht daher darin, das Falllaub auf dem Boden einfach liegen zu lassen. Vor allem im Obstgarten vertilgen sie nur zu gerne das am Boden liegende Laub, selbst dann, wenn es mit Pilzen oder Krankheitserregern befallen ist. Gleichzeitig belüften sie den Boden und kehren das Unterste zuoberst. Dadurch gelangen Mineralien aus der Tiefe in die oberen Bodenschichten und können hier von den Gartenpflanzen für ihr gesundes Wachstum genutzt werden.

Schnecken lieben es, wie Regenwürmer, am liebsten feucht und schattig.

Beide Tiergruppen profitieren von einer Kompostanlage und einer giftfreien Umgebung, die für einen Naturgärtner eine Selbstverständlichkeit sein sollte.

Schnecken aller Arten dienen noch dazu den Larven des Glühwürmchens als Wirt und manch einer Drossel oder Kröte als nahrhafter Leckerbissen.

HINWEIS!

In einem arten- und strukturreichen Garten werden Schnecken nur selten zur Plage!

Spinnentiere gehören zwar nicht zu den Insekten, doch sind sie ebenfalls nützlich. Als wichtige Regulatoren fühlen sich Spinnen in naturbelassenen Gärten besonders wohl! Links: Raubspinne. Rechts: Eine kleine Krabbenspinne lauert auf Beute.

FÖRDERPROGRAMM FÜR MUSIKALISCH HOCHBEGABTE – SINGVÖGEL IM GARTEN

Verfügt ein Garten oder sein direktes Umfeld über Bäume und Hecken, so gibt es in der Regel auch Vögel, die sich hier angesiedelt haben!

Dennoch haben es unsere heimischen Singvögel heutzutage mehr als schwer, sich im Kampf um Lebensräume und Nahrung zu behaupten. Zu ausgeräumt ist unsere Landschaft, zu intensiv die Landwirtschaft und zu gering das Angebot an Insekten, Sämereien und Früchten. Weiterhin lauern auch im Bereich der Erneuerbaren Energien, wie etwa in Form von stets anwachsenden Windparks, neue Gefahren, die beim aktiven Vogelschutz eine eher traurige Rolle spielen.

Windkraftanlagen als Todesfalle für viele Tierarten

Leider hat sich herausgestellt, dass an Windkrafträdern weit mehr Tiere zu Tode kommen, als zunächst angenommen. Allein in Norddeutschland werden jährlich rund 8.500 Mäusebussarde durch die Rotorblätter eines Windrads getötet, was rund 8 % ihrer Gesamtpopulation ausmacht!

Auch Fledermäuse reagieren mit ernstzunehmenden Bestandseinbußen durch den tödlichen Kontakt mit Windrädern. Man schätzt, dass mindestens 250.000 Fledermäuse jährlich in Deutschland auf diese Weise ums Leben kommen. Besonders tragisch dabei ist die Tatsache, dass Fledermäuse diese Bestandsverluste durch ihre eher niedrige Fortpflanzungsrate kaum ausgleichen können. Neben Vögeln und Fledermäusen sind es jedoch auch Insekten, die durch den Kontakt mit Windrädern in unvorstellbarer Anzahl den Tod finden: Mindestens 1.200 Tonnen an Insekten pro Jahr oder in Zahlen ausgedrückt 5–6 Milliarden Insekten pro Tag sterben während der warmen Jahreszeit beim Durchqueren der Rotoren eines Windrads! Die Ursache für den vermehrten Kontakt der Insekten mit den rotierenden Windrädern liegt unter anderem darin begründet, dass sich flugfähige Insekten kurz vor der Eiablage in Schwärmen und mit Hilfe von Luftströmungen sehr häufig zu weiter entfernten Orten tragen lassen, um dort neue Brutplätze zu finden.

Die Rotorblätter eines Windkraftrads drehen sich teils mit Geschwindigkeiten von mehreren hundert Stundenkilometern. Ein Ausweichen ist weder für Insekten, Vögel noch für Fledermäuse möglich!

Weiterhin hören wir immer wieder von Zugvögeln, die auf ihrer langen Reise von skrupellosen Vogeljägern mit Netzen eingefangen werden. Hier geht es nicht um Einzelfälle, sondern um etliche Millionen Tiere, die hierbei ihr Leben lassen müssen.

Ebenfalls erwähnenswert sind Infektionskrankheiten, die jährlich ganze Bestände an den Rand der Ausrottung treiben, wie etwa das asiatische Usutu-Virus, welches vor allem unsere Amseln befällt, oder der einzellige Erreger *Trichomonas gallinae*, mit dem sich im Sommer vor allem Grünfinken infizieren, die besonders anfällig für diesen Erreger sind, welcher an Futter- und Wasserstellen übertragen wird.

Wir alle sind gefordert, schonungslos und ohne Rücksicht auf wirtschaftliche Interessen aufzudecken, was zum Rückgang der Vogelbestände führt.

Wir sollten mutig für unsere gefiederten Freunde eintreten und somit denen eine Stimme geben, die uns seit Jahrtausenden mit ihrer Stimme begeistern.

Junge Amsel

DAMIT UNSER FRÜHLING WIEDER LAUTER WIRD: SINGVOGELSCHUTZ

In der Klasse der Vögel sind die Singvögel (*Passeres* oder *Oscines*) die umfangreichste Untergruppe. Zu ihr gehören rund 4.000 Arten.

Jeder Singvogel besitzt mindestens drei Paar Singmuskeln. Der größte Singvogel ist mit über 60 cm Körperlänge der Kolkrabe, wenngleich sein „Gesang“ auch mehr aus einem rauen Krächzen besteht. Dafür besitzen alle Rabenvögel, zu denen auch Krähen und Elstern gehören, eine überaus hochentwickelte Intelligenz.

Zu den kleinsten Singvögeln zählen Wintergoldhähnchen und Zaunkönig.

In unseren Gärten dürfen wir mit dem Besuch von etlichen Singvogelarten rechnen, wozu mehrere Meisenarten, Finken, Amseln, Drosseln, Stare, Rotkehlchen, Zaunkönig, Heckenbraunelle, Garten- und Hausrotschwanz, Buntspecht, Kleiber, Grasmücken, Laubsänger und viele mehr gehören.

Auch die beliebten Schwalben zählen zu den Singvögeln. Wir können uns glücklich schätzen, wenn die Sommergäste bei uns unter einem Dachvorsprung in kugeligen Nestern ihre Jungen großziehen.

Der ewig hungrige Nachwuchs: Kohlmeise beim Füttern eines Jungvogels

BEWOHNER VON BÄUMEN UND HECKEN

Da beinahe alle Singvögel in der Baum- oder Strauchschicht beheimatet sind, versteht es sich von selbst, dass wir zu deren Schutz und Förderung zunächst einmal Bäume und Sträucher im Garten anpflanzen beziehungsweise bestehende Pflanzen pflegen und schützen sollten.

Für eine Hecke kann selbst im kleinsten Garten ein Platz gefunden werden!

Bei der Sortenauswahl käme es vor allem darauf an, dass die Gehölze einerseits Nahrung, andererseits auch einen sicheren Nist- oder Schlafplatz bieten.

Früchte tragende heimische Gehölze aus unten stehender Liste sind immer eine gute Wahl wie auch Sträucher mit stacheligen oder dornigen Zweigen, wie beispielsweise Wildrosen, Kreuz- oder Weißdorn, da die darin nistenden Vögel effektiv vor Feinden geschützt sind.

Die Hecke darf gerne auch in Form geschnitten werden, wodurch sich das Strauchwerk nur noch dichter verzweigt und noch besseren Sichtschutz bietet. Ob man die Hecke größer und breiter wachsen lässt oder sie akkurat in Form bringt, hängt sicher auch damit zusammen, wieviel Platz im Garten vorhanden ist.

Nachfolgende Liste beinhaltet Gehölzarten, die entweder bei Vögeln besonders begehrte Früchte liefern und/oder einen besonders sicheren Nistplatz bieten.

Auf Grund seiner leuchtenden Farben wird der Buchfink mancherorts auch Buntfink genannt. Sein Gesang ist laut schmetternd.

Leuchtend blaue Beeren des Wilden Weines (links) schmecken auch den Vögeln. Holunderbeeren reifen heran (Mitte) und die Beeren des Traubenholunders sind auch schon reif (rechts).

Hagebutten (links) werden recht schnell von hungrigen Vogelschnäbeln aufgehackt, während die Früchte des Pfaffenhütchens (rechts) noch recht lange an den Sträuchern hängen. Sie stellen dann im Spätherbst und Winter eine wertvolle Nahrungsreserve dar.

Empfehlenswerte Frucht tragende Gehölze für aktiven Vogelschutz

- **Eberesche, Vogelbeere (*Sorbus aucuparia*):** Mehr als 60 Vogelarten fressen die Früchte!
- **Schwarzer Holunder (*Sambucus nigra*):** Rund 60 Vogelarten fressen die Früchte!
- **Vogelkirsche (*Prunus avium*):** Rund 45 Vogelarten fressen die Früchte!
- **Gemeiner Wacholder (*Juniperus communis*):** Mehr als 40 Vogelarten fressen die Früchte!
- **Faulbaum (*Rhamnus frangula*):** Die Früchte werden von rund 35 Vogelarten gefressen!
- **Rote Johannisbeere (*Ribes rubrum*):** Mehr als 30 Vogelarten fressen die Früchte!
- **Eingriffeliger Weißdorn (*Crataegus monogyna*):** Rund 30 Vogelarten fressen die Früchte, daneben ist der Strauch durch seine dicht mit Dornen besetzten Zweige ein sicherer Nistplatz!
- **Wildrosen (*Rosa canina, Rosa multiflora u. a.*):** Im Schnitt fressen rund 25 Vogelarten die Früchte (Hagebutten), durch ihre dichten Stacheln sind ältere Wildrosenbüsche auch als Schlaf- und Nistplatz beliebt.
- **Pfaffenhütchen (*Euonymus europaeus*):** Rund 24 Vogelarten fressen die Früchte!
- **Gemeiner Schneeball (*Viburnum opulus*):** Rund 22 Vogelarten fressen die Früchte!
- **Roter Hartriegel (*Cornus sanguinea*):** Mehr als 20 Vogelarten fressen die Früchte!
- **Europäische Eibe (*Taxus baccata*):** Mehr als 20 Vogelarten fressen die Früchte!

Eiben können ein sehr hohes Alter erreichen. Man findet sie häufig auf alten Friedhöfen oder in Klostergärten.

- **Gewöhnliche Traubenkirsche (*Prunus padus*):** Rund 20 Vogelarten fressen die Früchte!
- **Gemeine Felsenbirne (*Amelanchier ovalis*):** Rund 20 Vogelarten fressen die Früchte!
- **Gewöhnlicher Liguster (*Ligustrum vulgare*):** Rund 20 Vogelarten fressen die Früchte!
- **Kanadische Felsenbirne (*Amelanchier canadensis*):** Rund 20 Vogelarten fressen die Früchte!
- **Schlehe (*Prunus spinosa*):** Rund 20 Vogelarten fressen die Früchte, daneben ist der dornige Strauch auch ein sicherer Nistplatz!
- **Gemeine Berberitze (*Berberis vulgaris*):** Rund 19 Vogelarten fressen die Früchte!
- **Späte Traubenkirsche (*Prunus serotina*):** Rund 10 Vogelarten fressen die Früchte!
- **Gemeine Mehlbeere (*Sorbus aria*):** Rund 10 Vogelarten fressen die Früchte!
- **Haselnuss (*Corylus avellana*):** Rund 10 Vogelarten fressen die Früchte!
- **Spitzahorn (*Acer platanoides*):** Die Früchte werden von rund 10 Vogelarten gefressen!
- **Rote Heckenkirsche (*Lonicera xylosteum*):** Rund 8 Vogelarten fressen die Früchte!
- **Weißer Hartriegel (*Cornus alba*):** Immerhin noch rund 8 Vogelarten fressen die Früchte des exotischen Strauches!
- **Feldahorn (*Acer campestre*):** beliebte Früchte und gute Verzweigung (Nistgehölz)
- **Feuerdorn (*Pyracantha coccinea*):** sicheres Nistgehölz mit besonders langen Dornen!
- **Hainbuche (*Carpinus betulus*):** begehrter Nistplatz wegen der besonders guten Verzweigung

Reisighecken anlegen

Vor gar nicht allzu langer Zeit waren die so genannten „Benjeshecken" – eine Erfindung von Hermann Benjes – vielen Umweltschützern ein Begriff. Bei diesen Reisighecken wird Schnittgut in Form von längeren Zweigen und vereinzelt auch stärkeren Ästen beziehungsweise schmalen Stämmen, in einem lockeren Wall aufgeschichtet.

Es entsteht ein mehr oder weniger breiter wie auch hoher Gestrüppwall, in dessen Inneren so mancher tierische Bewohner des Gartens Zuflucht sucht und auch findet.

Es handelt sich also um eine Hecke ganz ohne Heckenpflanzen.

Kleinere Singvögel, wie Zaunkönig, Rotkehlchen oder Heckenbraunelle, brüten hier sogar, insofern der Reisigwall eine ausreichende Breite wie auch Höhe aufweist.

Eine Reisig- oder Gestrüpphecke ist ein wichtiger Zufluchtsort für viele Vogelarten. Vor allem der Zaunkönig braucht diesen bodennahen Schutzraum!

Sinn und Zweck eines solchen Walls besteht, wie schon oben erwähnt, zum einen in der Bereitstellung eines geschützten Lebensraumes. Zum anderen könnte hier auch eine neue Hecke entstehen, und zwar ganz ohne unser Zutun.

Viele Tiere, und hier allen voran die äußerst bewegliche Vogelschar, trägt eine Menge Samen heran, die von den Schutz suchenden Tieren unverdaut ausgeschieden werden, sodass allerhand Sträucher wie auch Bäume im Schutze der Reisighecke keimen könnten. Ja, sie könnten ...

Leider hat sich in der Praxis gezeigt, dass die Vermehrungsrate von heimischen Sträuchern innerhalb so einer Benjes- oder Reisighecke nicht so hoch ist, wie man es sich vor Jahrzehnten von diesem Heckentyp erwartet hatte. Dennoch würde ich die Anlage einer Gestrüpphecke nicht gleich verteufeln, denn in einem gewissen Umfang keimen hier halt doch einige Sträucher und ein guter Zufluchtsort, vor allem für Vögel, sind die Wälle allemal.

Wie ich selbst beobachten konnte, kommt mit den locker aufgeschichteten Wällen eine Menge Getier in den Garten und diese bringen auch das ein oder andere Samenkorn von ihren Reisen mit. Zwar wachsen diese Sträucher oder Bäume dann nicht unbedingt an dem ihnen zugedachten Ort, also innerhalb des Gestrüppwalls, vielmehr sprießen sie überall im Garten an den verschiedensten Orten. Recht häufig wachsen die Jungsträucher dicht neben der Reisighecke. Wie es scheint, erhalten sie dort mehr Licht für ein optimales Wachstum.

Hier hilft nur eins: Etwas Erde und Pflanzschalen bereitstellen und die Setzlinge von Holunder, Eibe oder Hartriegel ausgraben, eintopfen und später an den gewünschten Ort setzen!

Kleine Heckenschule. Frisch getopfte Setzlinge warten auf ihren Einsatz als Heckenpflanze. Von links nach rechts: Holunder, Hartriegel, Hainbuche, Eibe

VOGELSCHUTZ IM BLUMENBEET

Es sind nicht nur wilde Sträucher oder stattliche Bäume, die für Vögel und andere Wildtiere Nahrung in Form von Beeren, Nüssen oder Samen liefern. Auch Wildstauden sowie einige zwei- und sogar einjährige Sommerblumen haben hier durchaus etwas für Vögel und andere Gartentiere anzubieten.

Schauen wir uns doch den Meister beim Beernten von abgeblühten Stauden an, den Distelfink, der auch Stieglitz genannt wird.

Ein farbenprächtiger Stieglitz hält Ausschau nach neuen Futterquellen, wozu auch der Samen von abgeblühten Distelblüten gehört.

Es grenzt an halsbrecherische Akrobatik, wenn der zierliche Vogel an den stacheligen Samenständen der Wilden Karde rupft oder wenn ein ganzer Trupp der auffallend bunten Finkenart im Spätsommer in ein Beet einfällt, wo zuvor Kornblumen blühten. Geschickt turnen die Finken an den Stängeln der abgeblühten Pflanzen und zerzausen deren flauschige Samenbüschel mit den kräftigen Schnäbeln, um ein paar reife Samenkörner daraus zu ergattern.

Wir könnten doch ganz wunderbar das Schöne mit dem Nützlichen verbinden, indem wir den hübschen Stieglitzen wie auch vielen anderen Vogelarten zahlreiche dekorative Blütenpflanzen als Futterbar direkt vor ihre Schnäbel pflanzen.

In einem naturnahen Garten finden viele Vogelarten Nahrung.

Bei Vögeln beliebte Wildstauden und -blumen

- Drüsenblättrige Kugeldistel (*Echinops sphaerocephalus*)
- Echtes Mädesüß (*Filipendula ulmaria*)
- Färberkamille (*Anthemis tinctoria*)
- Gemeine Nachtkerze (*Oenothera biennis*)
- Gewöhnliche Eselsdistel (*Onopordum acanthium*)
- Hohlzahn-Arten (*Galeopsis tetrahit*)
- Kaukasus-Gamander (*Teucrium hyrcanicum*)
- Kornblume (*Cyanus segetum*)
- Langblättriger Ehrenpreis (*Veronica longifolia*)
- Löwenzahn (*Taraxacum officinale*)
- Sonnenblume (*Helianthus annuus*)
- Sumpfkratzdistel (*Cirsium palustre*)
- Taubenskabiose (*Scabiosa columbaria*) und andere Skabiosen
- Wiesen-Flockenblume (*Centaurea jacea*)
- Wiesen-Bocksbart (*Tragopogon pratensis*)
- Wiesenwitwenblume (*Knautia arvensis*)
- Wegerich-Arten (*Plantago ssp.*)
- Wilde Karde (*Dipsacus fullonum*)

Bei Vögeln begehrt sind die Samen von Wiesen-Bocksbart (links), Färberkamille (Mitte) und Sonnenblumen (rechts).

Wildstaudenbeet oder Blumenwiese?

Anstelle von einzelnen Pflanzen könnte man natürlich auch eine kleine **Blumenwiese** anlegen. Will man speziell den Stieglitz und andere Samen fressende Singvögel fördern, könnte man der Wiesen-Samenmischung möglichst viele der oben genannten Arten beifügen bzw. auch einzelne Pflanzen zusätzlich in die Wiese einsetzen.

Was den Boden betrifft, so gilt hier:

Je magerer der Untergrund ist, desto mehr Blüten bilden die Wiesenpflanzen!

Gegebenenfalls könnte man den Boden zuvor derart bearbeiten, dass man ihn lockert und etwas Sand, feinen Kies oder Split einarbeitet.

Als Ausnahme gilt hierbei die Sonnenblume, die gerne einen nahrhaften Boden hat.

Wurzelunkräuter sollten gründlich entfernt werden!

Im Herbst verzichtet man auf das Entfernen der abgeblühten Samenstände und verschiebt diese Arbeiten auf das nächste Frühjahr!

WICHTIG!

Vogelnährpflanzen im Blumengarten nicht vor Mitte März zurückschneiden!

Auch in einem häufiger gemähten Rasen kann es blühen, indem man mehrere blühende Wildblumeninseln anlegt, die man am besten mit Steinen einfasst, so kann es gleichzeitig gepflegt und wild ausschauen. Insekten und Vögel freut es!

VOGELHÄUSER UND NISTKÄSTEN IN VIELEN VARIATIONEN: EIN MUSS FÜR JEDEN TIERFREUND!

Es gibt wohl kaum einen naturnahen Garten, der nicht über einige Vogelnistkästen verfügt. Meist werden sie mit Einfluglöchern von rund 27 bis 34 Millimetern im Fachhandel angeboten und als Gäste werden Blau- und Tannenmeise für die kleineren Lochgrößen sowie Kohlmeise, Sperling, Kleiber und Trauerschnäpper für die größeren Lochgrößen angegeben. Ebenfalls üblich, wenn auch nicht ganz so häufig in unseren Gärten anzutreffen, sind Starenkästen mit einer Lochgröße von rund 45 bis 50 Millimetern.

Star am Nistkasten

Das sind natürlich recht wenige Arten, die mit solch einem Nistangebot gefördert werden. Dennoch ist jeder aufgehängte Nistkasten immer ein Gewinn, denn wie wir wissen, werden die Kästen nicht selten auch von anderen Tierarten „zweckentfremdet“, sodass hier neben den geförderten Singvogelarten auch Siebenschläfer, Wespen oder Hummeln einziehen könnten.

Die erste Frage, die uns bei der Bereitstellung von Nistangeboten für Wildvögel beschäftigen wird, ist die nach der Art und Weise, wie unsere Singvögel ihre Nester anlegen. Erst mit diesem Wissen kommen die Ideen für eine effektive Förderung der entsprechenden Vogelarten.

Die Jungvögel im Nest warten auf Nahrung.

DER NESTBAU – EINE RECHT INDIVIDUELLE ANGELEGENHEIT

Recht viele Singvogelarten bauen ein offenes, napfartiges Nest, welches sie im Gezweig eines dichten Strauches, im Efeugestrüpp oder gar in den Astgabeln von hohen Bäumen befestigen. Hier wären Finken, wozu auch der farbenprächtige Dompfaff gehört, Amseln oder Drosseln zu nennen, deren Nester sorgsam gebaut und mit Halmen, Moos, Haaren oder Federn ausgepolstert sind.

Weniger sorgsam gebaut scheint das Nest der Bachstelze zu sein. Sie scheint nur rasch einige Wurzeln, Blätter und Halme zusammengetragen und diese zu einem wirren Haufen übereinandergelegt zu haben. Ihre Jungen stört es nicht und der Bruterfolg spricht für sich.

Bachstelze

Wie nun können wir Vogelarten fördern, die ihr Nest selbst bauen und daher keinen von uns gezimmerten Kasten benötigen?

Die Antwort liegt auf der Hand:
Bäume und Sträucher im Garten reichlich kultivieren!

Vor allem dichte Hecken beherbergen zur Brutzeit im Frühling und Frühsommer etliche Vogelnester. Die eher unscheinbaren Finken, Amseln, Drosseln und Laubsängerarten, wie Zilpzalp oder Fitis, verrichten ihr Brutgeschäft nicht selten von uns unbemerkt. Häufig treten ihre Nester erst im Herbst, wenn das Laub von den Bäumen und Sträuchern gefallen ist, in Erscheinung.

Während der Brutzeit sollten die Hecken nicht geschnitten werden. Wird dennoch ein Nest freigelegt, so sollte schnellstmöglich für eine neue Deckung gesorgt werden.

WEDER IN EINER GESCHLOSSENEN HÖHLE NOCH OFFEN IM GESTRÜPP … BEIM BRÜTEN SO HALB UND HALB

Rotkehlchen, Zaunkönig sowie Garten- und Hausrotschwanz gehören zu den Halbhöhlenbrütern.

Nicht selten nutzen diese auch ein fertiges Haus, welches eine größere Öffnung besitzt, damit mehr Licht in den Brutraum einfallen kann.

So eine **Halbhöhle** ist recht schnell gezimmert und sollte daher in keinem Garten fehlen (siehe hierzu auch S. 110).

Speziell für Zaunkönige gibt es Angebote von bereits fertigen, kugeligen Nestern im Fachhandel. Die kleinen Singvögel bauen ihre Nester jedoch in der Regel selbst, da bei ihnen der Nestbau ein Teil des Paarungsrituals ist.

Die Zaunkönigmännchen sind rechte Meister im Bau eines kugeligen Nestes, wozu sie trockenes Moos, kleine Äste, Zweige und ähnliches Material verwenden. Jedes paarungswillige Männchen baut nicht selten ein halbes Dutzend solcher Nester, gut versteckt zwischen Gestrüpp in Bodennähe und bewirbt mit seiner Baukunst ein Weibchen, welches dann die freie Nestwahl besitzt!

Eine so genannte „Halbhöhle“ hat einen vergrößerten Eingang, sodass mehr Licht ins Innere der Höhle fällt. Dadurch sind die Nestlinge allerdings auch anfälliger für Nesträuber. Man sollte sie daher gut geschützt aufhängen.

Wir fördern den Zaunkönig mit einem strukturreichen Garten, in dem der kleine Vogel mit dem laut schmetternden Gesang keine großen Freiflächen zu überwinden hat. Er huscht am liebsten von Hecke zu Hecke, nutzt dabei auch Reisighaufen und andere Hindernisse als Deckung. Denn er ist kein geschickter Flieger und wird daher recht häufig Opfer von Raubtieren, wozu auch unsere Hauskatzen gehören.

Man kann es mit einem fertigen Korb aus dem Handel versuchen, den man gut versteckt im Efeu anbringt. Mit etwas Glück findet das Zaunkönig-Weibchen Gefallen an einem „Fertighaus".

Weiterhin helfen wir ihm und anderen Häuslebauern, indem wir nicht alles Abgeblühte aus dem Garten entfernen und auch abgestorbene Zweige, Halme, Moos und vieles mehr im Garten dulden, damit das Baumaterial für das Nest gleich an Ort und Stelle vorhanden ist. Das spart Zeit und Energie!

Sehr beliebt bei sehr vielen Vogelarten sind (auch) **dichte Efeubüsche**. Zum einen dienen die immergrünen heimischen Klettergewächse als Ort zum Nisten, weiterhin auch als windgeschützter Schlafplatz und im Spätwinter, wenn die Efeubeeren heranreifen, als Quelle für die erste vitaminreiche Frischkost.

So schön sieht ein Naturgarten im Herbst aus, wenn man nicht zu sehr darin aufräumt.
Dichte Sträucher und Hecken bilden eine sichere Deckung für Zaunkönig, Heckenbraunelle und Co.

DIE HÖHLENBRÜTER

Meisen, Kleiber, Sperlinge, Stare, Trauerschnäpper und Spechte ... sie und viele andere gehören zu den Höhlenbrütern! Bis auf Spechte, die ihre Höhlen in alten Baumstämmen selbst zimmern, freuen sich die meisten von ihnen über die von uns aufgehängten Nistkästen. Und man kann diese Nistkästen ja noch dazu selbst zimmern, was immer eine schöne Aktion in Schulen, Kindergärten oder zuhause mit den eigenen Kindern ist.

Diesen Buntspecht-Nestling sollte man in Ruhe lassen. Die Eltern sind meist in der Nähe und kümmern sich um ihren Nachwuchs.

VOGELNISTKÄSTEN AUS HOLZ – SELBST GEBAUT!

Bevor man zur Tat schreitet und sich an den Bau der Nistkästen macht, sollte man vorab schon wissen, wie groß die Einfluglöcher oder Öffnungen allgemein sein sollten, damit sich bestimmte Vogelarten in den Nisthöhlen wohlfühlen. Hilfreich ist dabei folgende Tabelle:

Großer Nistkasten aus Holz, an dem der Kleiber den Eingang mit einem Gemisch aus Speichel und Lehm verkleinert hat.

Lochgrößen von Vogelnisthilfen für verschiedene Vogelarten

Vogelart	Lochgröße
Blaumeise	27–30 mm
Kohlmeise	30–34 mm
Haubenmeise	27–30 mm
Sumpfmeise	27–30 mm
Tannenmeise	27–30 mm
Trauerschnäpper	32–34 mm
Gartenrotschwanz	47 mm (rechteckige Öffnung = Halbhöhle)
Kleiber	32–47 mm
Haussperling	30–34 mm
Feldsperling	30–34 mm (oval oder rechteckig, ca. 30 x 45 mm)
Bachstelze	50 mm (rechteckige Öffnung= Halbhöhle)
Hausrotschwanz	50 mm (rechteckige Öffnung = Halbhöhle)
Grauschnäpper	50 mm (rechteckige Öffnung = Halbhöhle)
Star	45–50 mm
Wiedehopf	70 mm
Sperlingskauz	45–50 mm
Zwergohreule	65–70 mm
Steinkauz	80 mm
Rauhfußkauz	85 mm
Hohltaube	85 mm
Dohle	85 mm
Waldkauz	120–140 mm
Schleiereule	200 x 150 mm (rechteckige Einflugöffnung)
Turmfalke	160 x 200 mm (rechteckige Einflugöffnung)
Wasseramsel	120 mm x 100 mm (rechteckige Öffnung auf der Unterseite zum Wasser hin)
Mauersegler	32 x 64 mm (oval)
Gänsesäger	150 mm

Größenangaben der Vogelnistkästen auf einen Blick

Nachdem festgelegt wurde, welche Vogelart mit dem selbst gezimmerten Vogelnistkasten im Garten gefördert werden soll, beachten wir beim Zuschnitt neben der Größe des Einfluglochs (siehe Tabelle auf S. 109) die Größen der einzelnen Bauteile wie folgt:

Meisenarten, Trauerschnäpper

a = 25 cm
b = 21 cm
c = 26 cm
d = 22 cm
e = 17 cm
f = 23 cm

Kleiber, Star

a = 28 cm
b = 23 cm
c = 31 cm
d = 23 cm
e = 18 cm
f = 27 cm

Garten- und Hausrotschwanz, Rotkehlchen, Grauschnäpper

a = 26 cm
b = 20 cm
c = 25 cm
d = 21 cm
e = 15 cm
f = 11 cm

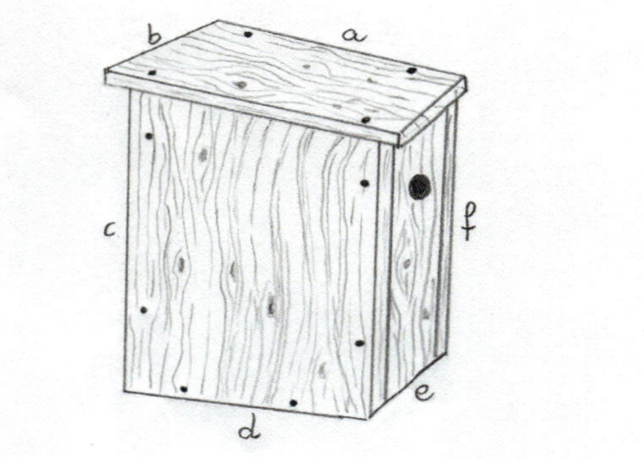

Skizze eines Nistkastens für Höhlenbrüter

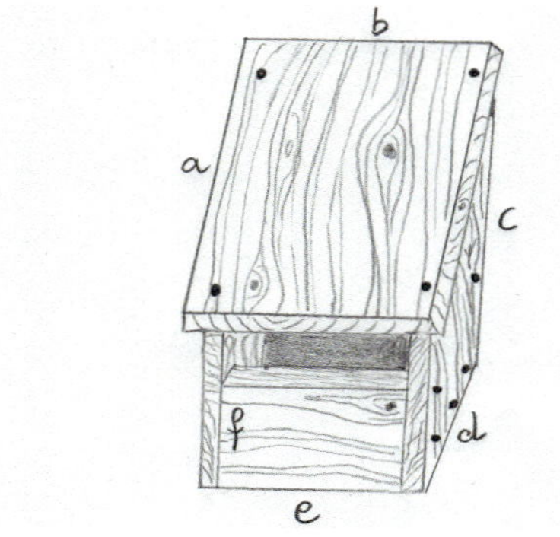

Skizze eines Nistkastens für Halbhöhlenbrüter

Herstellung eines Vogelnistkastens

Zu empfehlen sind **massive Holzbretter** in einer Stärke von 16 Millimetern. Lärchenholz ist so wetterfest, dass keine Dachpappe benötigt wird. Bei Kästen aus Kiefer, Fichte oder Buche sollte man das Dach mit einem Stück **Dachpappe** schützen. Dieses kann mit **Dachpappennägeln** befestigt werden.

Nachdem die Seitenteile, das Dach und die Vorderfront zugeschnitten worden sind, werden sie aneinandergesetzt und von außen und oben verschraubt.

Nun wird die Rückwand vermessen und von hinten aufgesetzt und ebenfalls verschraubt. Zuletzt wird der Boden der Nisthilfe zugeschnitten. Er sollte in die Öffnung eingesetzt werden, sodass man ihn von den Seiten her festschrauben kann.

Die fertigen Nistkästen werden nun an einem Baumstamm in einer Höhe von mindestens 2 m befestigt (siehe hierzu auch auf S. 115). Die Öffnungen sollten dabei in südöstliche Richtung zeigen.

WICHTIG!

Die Reinigung des Nistkastens erfolgt im Herbst, indem man die Schrauben auf dem Dach löst und dieses abnimmt. Bitte das alte Nest entfernen und ggf. mechanisch mit einer Bürste reinigen. Es sollte keinerlei Chemie zum Einsatz kommen!

Aus Rindenstücken wurde diese nette Halbhöhle gefertigt. Ein Deckel aus Holz und etwas Dachpappe schützt die Bewohner vor Nässe. Hier darf man mit Rotkehlchen oder Zaunkönig als mögliche Bewohner rechnen, manchmal zieht auch eine Spatzenfamilie ein, wenngleich diese auch größere Behausungen bevorzugen.

Da gefällt es einer großen Spatzenfamilie, in einem Loch im Giebel eines Hauses. Man darf mit dem Ausbessern gerne warten, bis die Brut beendet ist. Bis dahin kann man das Haus durch ein Brett vor Verschmutzungen schützen

BAUMLÄUFER: DER NISTSPEZIALIST

Der zauberhafte braun-weiß gefiederte zierliche Baumläufer mit dem gebogenen Schnabel ist ein sympathischer Besucher unserer Gärten. Vor allem Gärten mit altem Baumbestand haben es ihm angetan.

Ruckartig läuft er die Baumstämme hinauf, fliegt dann wieder ein Stück herab, um wieder aufwärtslaufen zu können. Anders als der Kleiber läuft er am Stamm niemals kopfunter wieder hinunter. Mit seinem langen, gebogenen Schnabel findet er Insekten, die sich unter losen Rindenstückchen versteckt halten.

Links zwei Starenkästen, rechts die Rückseite eines Baumläufer-Nistkastens. Auf der Rückseite des Kastens befindet sich der Eingang. Der Nistkasten muss so aufgehängt werden, dass der kleine Vogel direkt über den Baumstamm in den Kasten schlüpfen kann!

Und hier, im Rindenbereich alter Bäume, findet er für gewöhnlich auch den Ort zum Nisten. Wenn sich nämlich ein größeres Stück Rinde von einem Baum abgelöst hat, was bei sehr alten Bäumen recht häufig vorkommt, baut der Baumläufer zwischen Stamm und loser Rinde sein Nest.

Es liegt auf der Hand, dass in unseren Gärten so ein Nistplatz eher nicht so häufig anzutreffen ist. Fündig wird diese Vogelart dann schon eher in alten Parks mit sehr altem Baumbestand oder in uralten Wäldern, die sich für einen langen Zeitraum selbst überlassen worden sind.

Doch können wir hier aktiv werden und für Ersatz sorgen, indem wir entweder einen fertigen Baumläufer-Nistkasten kaufen, selbst einen zimmern oder mit ein wenig Fantasie und entsprechendem Material eine Baumläufer-Nisthilfe konstruieren.

ZU SCHADE ZUM WEGWERFEN: MATERIAL FÜR DEN NISTHÖHLENBAU

In beinahe jedem Garten fallen mit der Zeit allerhand Gegenstände an, die beschädigt oder verrostet sind oder einfach nicht mehr unseren Ansprüchen für eine gärtnerische Nutzung genügen. Und dabei könnte man mit etwas Draht, Schnur und ein paar Schrauben viele nützliche Nistmöglichkeiten daraus herstellen. Was man braucht, ist ein wenig Fantasie und handwerkliches Geschick sowie ein paar Bäume oder eine Wand zum Aufhängen.

Rinde, alte Tontöpfe oder eine alte Gießkanne ...

Hat man einmal mit dem Nisthöhlenbau im eigenen Garten angefangen, will man gar nicht mehr damit aufhören. In der Eibe hängt nun eine alte Gießkanne, die auf ein Rotkehlchen wartet. Das am Apfelbaum befestigte Rindenstück freut sich über Besuch vom Baumläufer und in der großen Schale aus Ton zieht vielleicht schon bald eine kleine Blaumeise ein.

Zu schade zum Wegwerfen. Mit ein wenig Geschick und etwas Draht entstehen lauschige Orte, die zum Brüten einladen.

Aus einer seitlich am Rand zerbrochenen Tonschale wird Ruckzuck eine mögliche Baumläuferbehausung. Eine reißfeste Schnur wird zunächst oberhalb einer Gabelung an einem Baum befestigt, dann durch ein kleines Loch im Boden der Schale von innen nach außen geführt und außerhalb mit einem kleinen Holzstück verknotet, sodass die Schnur nicht mehr zurückrutschen kann. Die Schale sollte so dicht wie möglich am Baumstamm anliegen, die Öffnung sollte seitwärts platziert sein. Die Schnurenden werden seitlich nach oben zum Stamm geführt und mit dem Seil verknotet. Nun hat die Schale einen guten Halt und kann als sicherer Ort zum Brüten dienen.

Noch ein paar weitere Ideen

In die Öffnung einer alten Blechgießkanne wird ein Rindenstück fest eingeklemmt, sodass eine Halbhöhle entsteht.

An einer Sichtschutzwand wird eine Tonschale mit einem größeren Abzugsloch mit Hilfe eines Spanndrahtes für Maschendrahtzäune befestigt. Das Loch sollte mindestens 27 mm im Durchmesser haben!

Ein rundes Rindenstück wird so um einen Baumstamm gelegt, dass ein Hohlraum entsteht. Damit es nicht herabrutschen kann, setzt man es auf eine Astgabel auf. Es wird mit einer Kordel umwickelt und ein passendes Stück Rinde als Dach aufgeschraubt. Seitlich bleibt ein Spalt offen, damit ein Baumläufer Zutritt hat.

WIE BEFESTIGE ICH DIE NISTKÄSTEN?

Will man die Nistkästen an einem Baum anbringen, befestigt man sie am einfachsten und auch baumschonend mit einem dickeren Draht oder einer reißfesten Schnur. Dazu bringt man kleine Ösen aus Metall beidseitig am Kasten an. Zuerst wird mit einem dünnen Bohrer vorgebohrt und die Ösen werden dann per Hand eingeschraubt.

Kleine und mittelgroße Nistkästen befestigt man über zwei seitliche Ösen mit Hilfe einer reißfesten Schnur, einem Gewebeband oder eines Drahts.

ACHTUNG!

Ganz gleich, ob man Draht oder eine Schnur zum Aufhängen der Nistkästen verwendet hat, es muss in jedem Fall einmal jährlich geprüft werden, ob der Draht oder die Schnur in die Rinde des Baumes einwächst! Das sollte unbedingt vermieden werden! Gegebenenfalls kann man die Befestigung auch etwas mit Schaumgummi, Leder oder Stoff unterpolstern.

Größere Nistkästen, wie dieser Dohlenkasten, werden mit jeweils zwei Ösen aus Metall auf jeder Seite, also insgesamt vier Ösen, und einer reißfesten Schnur an einem größeren Baum befestigt. Den besten Halt erhält der Kasten, wenn man ihn auf stärkere Äste aufsetzt.

WIE SIEHT EIN VOGELFREUNDLICHER GARTEN AUS?

Wer die bisher gegebenen Ratschläge für mehr Natur- und Artenschutz zu einem Großteil bereits umgesetzt hat, dessen Garten sollte doch inzwischen schon recht vogelfreundlich sein!

Der Garten hat nun mit Sicherheit eine Hecke aus heimischen Sträuchern oder wenigstens einige einzelne davon, um den Vögeln Schutz und Nahrung zu bieten. Der Efeu wuchert ungehindert an einer Schuppenwand und natürlich wurde jedes Gift aus dem Garten verbannt!

Abgeblühte Stauden werden bis zum Frühjahr stehen und das Laub unter den Sträuchern liegen gelassen. Etliche Nistkästen wurden aufgehängt und vorhandener Baumbestand des Gartens wird gewissenhaft gepflegt.

Berankte Holzgerüste und leckere Beeren. Das macht die Amsel glücklich.

Sie sehen dennoch nur sehr selten Vögel im Garten? Außer ein paar Meisen lässt sich kaum ein Vogel blicken und dabei hätten Sie doch so gerne Stieglitze, Gimpel oder Buntspechte in Ihrem naturbelassenen Gartenreich.

Beerenfutter und Nistgelegenheiten sind vorhanden, doch wo bleiben die gefiederten Besucher?

Deren Fernbleiben könnte vielleicht daran liegen, dass zu viel Publikumsverkehr in Ihrem Garten herrscht!

Die meisten Vogelarten sind recht scheu und sie meiden den direkten Kontakt zum Menschen. Vor allem lautes Reden und Toben schreckt sie eher ab.

Einen ruhig im Garten arbeitenden Menschen, der sich fast schon meditativ um seine Pflanzen kümmert, akzeptieren sie meist nach einer gewissen Zeit. Auch der Hund des Hauses genießt nach einiger Zeit das Vertrauen der bunten Vogelschar, wohingegen die meisten Katzen doch eher zum hartnäckigen Feindbild der Gartenvögel zählen.

Ist der Garten groß genug, hat man hier meist weniger Probleme, da immer einige ruhigere Bereiche vorhanden sind. Im kleinen Reihenhausgarten ist es schon weit schwieriger, Ruhezonen für scheue Wildtiere einzurichten.

Man könnte es allerdings versuchen, indem man den Garten in Räume einteilt. Als Abgrenzungen können geschnittene Hecken, Mauern, Hochbeete, geschichtetes Totholz oder Sichtschutzelemente dienen. Flechtzäune aus Weide oder Haselnuss wären hier zu nennen, da sie sich hervorragend in ein Naturgartenambiente einfügen.

GÄRTNER MIT PUTZFIMMEL UNERWÜNSCHT!

Wenn Gärtner es mit der Ordnungsliebe übertreiben, dann geht dies häufig zu Ungunsten der darin lebenden Tiere! Ordnung und Sauberkeit im Haus sind sicher etwas sehr Schönes und Angenehmes.

In der Hauptsache ist es wohl Erziehungssache und erst einmal etwas durch und durch Positives, wenn man seinen Besitz in Ordnung hält. Wer möchte sich schon vorwerfen lassen, dass er unordentlich oder gar unsauber sei?

Womöglich ist das einer der Gründe, warum viele Menschen gerade im Garten eine sehr übertriebene Ordnung anstreben. Der Garten wird von Nachbarn und Besuchern als erstes wahrgenommen und dann soll doch keiner sagen können, dass man dessen Pflege nicht ernst genug nähme.

Von diesem Denken sollten wir uns ein Stück weit verabschieden, wenn wir es mit der Förderung von nützlichen Tieren im Garten wirklich ernst meinen.

Eine gewisse Ordnung darf dennoch bestehen. Die Existenz eines Naturgartens muss nicht gleichbedeutend mit einem heillosen Durcheinander sein oder gar eine Verwahrlosung des Grundstücks zur Folge haben!

Naturgärtner sollten lernen, wie man eine gewisse „Wildnis“ im Garten zulassen kann, ohne gleich im vermeintlichen Chaos zu versinken. Die schönsten Naturgärten lassen die ordnende Gärtnerhand noch erahnen. Und selbst ein Nutzgarten, der ein wenig wild sein darf, muss nicht unbedingt unordentlich aussehen.

Oben: Ein naturnaher Nutzgarten wird neu angelegt.
Unten: Der Nutzgarten ist eingewachsen! Auch nach vielen Jahren bleibt die ordnende Gärtnerhand erkennbar!

AUFRÄUMSTRATEGIEN IM WILDEN GARTENREICH

Jeder Natur- oder Artenschützer muss seine eigene Strategie entwickeln, wie er seinen Garten bearbeiten und „in Ordnung" halten möchte und ob er es gerne streng geordnet und übersichtlich mag oder den Pflanzen des Gartens eine mehr oder weniger uneingeschränkte Freizügigkeit gewähren möchte.

In einem nützlingsgerechten Garten ist beides möglich und es liegt also an uns, welche gärtnerischen Arbeiten und Eingriffe wir rund ums Jahr vornehmen möchten.

Man kann den Garten in „piekfein" und „wild" strikt unterteilen, indem man sich Areale absteckt, etwa durch Formschnitthecken, Flechtwände, Reisig- oder Blumenhecken uvm. Dann pflegt man nur noch einen bestimmten Bereich des Gartens und überlässt den Rest sich selbst.

Auf dem Hochbeet wächst es ordentlich und davor ein wenig wild.

Für wen das gar nicht in Frage kommt, der möchte vielleicht insgesamt toleranter werden und er oder sie jätet jeweils nur einen Teil der wild wachsenden Kräuter und pflegt also den gesamten Garten auf eine Weise, die zwar Natur zu-, aber eine gewisse ordnende Gärtnerhand noch deutlich erkennen lässt.

Ich selbst, die ich auch zu Ordnung und Sauberkeit erzogen wurde, habe für mich eine Lösung gefunden, die beide Seiten befriedigt, also den anerzogenen Ordnungssinn sowie die Möglichkeiten, nützliche Tiere im Garten optimal zu fördern. Auch ist mein Gartenreich inzwischen einen halben Hektar groß und so musste ich eine Strategie entwickeln, die zeitlich umsetzbar ist.

Ich teile den Garten in viele verschiedene Abschnitte ein und widme mich jeweils nur einem oder maximal zwei dieser Bereiche, wenn mir danach ist und meine Zeit es zulässt. Man könnte diesen Gartenteilen auch Namen geben, wie etwa: „Beet neben der Terrasse", „Große Weide", „Kleine Blumenwiese", „Ziegelhochbeet", „Der Nutzgarten", „Vor der Kastanie", „Trockenmauer hinter dem Haus", „Gang hinter den Reisighecken" usw.

Wenn ich den Garten also unbedingt „in Ordnung" bringen möchte, knöpfe ich mir jeweils nur einen bestimmten Bereich des Gartens vor, jäte dort die unerwünschten Beikräuter, beschneide Bäume und Sträucher, hacke, wenn nötig, den Boden oder setze neue Pflanzen. Der Effekt dieser Vorgehensweise besteht darin, dass ich meinen Ordnungssinn ausleben kann, während der restliche Garten eine Schonfrist erhält und in Ruhe noch ein wenig verwildern darf. Während ich intensiv an einem einzigen Ort im Garten beschäftigt bin, bleiben die unbearbeiteten Bereiche beruhigt und dienen den Wildtieren des Gartens als sicherer Zufluchtsort. In diesen Gartenbereichen laufen mit Sicherheit auch keine Besucher umher, da die dicken Laubschichten, herabgefallenen Zweige oder ein wildes Brennnesselgestrüpp sie kaum zum Flanieren einladen.

Toleranz wird im Garten für Nützlinge groß geschrieben. So dürfen selbstverständlich auch Blumen zwischen den Nutzpflanzen stehenbleiben und es muss auch nicht immer wüst und unordentlich ausschauen.

Das Schöne mit dem Nützlichen verbinden: Feldrittersporn umrankt dekorativ einen kleinen Sauerkirschbaum und liefert Extrablüten für Hummel & Co.

Ich unterteile also stets in den Tier- und in den Menschengarten. Der Menschengarten ist da, wo ich gerade arbeite und gestalte. Der Tiergarten der komplette Rest des Grundstücks. Der Gedanke an diese Einteilung hält mich effektiv zurück, falls ich beim Anblick von wucherndem Gras oder Brennnesseln am liebsten gleich mit Spaten und Unkrautstecher losrennen würde.

Sobald ich an die in meinem Garten lebenden Wildtiere denke, fühle ich mich als Teil einer echten Gartengemeinschaft von Mensch und Tier, frei nach dem Motto „leben und leben lassen".

Und wenn allzu pingelige Gartenbesucher ihre Nase beim Anblick der unaufgeräumten Gartenareale rümpfen, dann lernen Sie bitte, dies zu ignorieren.

Zeigen Sie Ihren Besuchern stattdessen das Versteck der Kröte unter einer Holzwurzel, die brütende Amsel im Feuerdorn (aus einiger Entfernung) oder eine im Kompost schlafende Ringelnatter.

Ein Garten für nützliche Wildtiere kann kein herausgeputzter erweiterter Wohnraum von uns Menschen sein. Er ist vielmehr Wohnraum für alle! Für die Menschen, die hier leben, aber auch für viele Tiere, die darin nicht selten eine Zuflucht finden und sich mit uns, den menschlichen Bewohnern dieses Biotops, arrangieren möchten. Diesem Wunsch zu entsprechen, ist wohl das allergrößte Gärtnerglück auf Erden!

In einem Naturgarten finden viele Wildtiere einen Wohnraum, so wie diese Zauneidechsen!

VÖGEL IM GARTEN FÜTTERN? DAS IST DABEI ZU BEACHTEN!

Eine Vogelfütterung über die Wintermonate hinaus ist heutzutage bei vielen Gartenbesitzern sehr beliebt. Baumärkte und Tierfuttermärkte bieten das entsprechende Equipment an, wozu das Futter selbst wie auch entsprechende Futterstellen gehören.

Rund um die Vogelfütterung scheint sich ein florierender Wirtschaftszweig entwickelt zu haben. Es wäre für jeden Vogelfreund wichtig, sich gezielt mit dem Für und Wider der Vogelfütterung allgemein und daneben auch mit den Vor- und Nachteilen der ganzjährigen Fütterung zu beschäftigen, um für sich und die Vögel des Gartens eine gute Entscheidung treffen zu können, und auch, um sicher zu wissen, was und wie man füttern sollte.

Vor allem Spatzen profitieren vom dargebotenen Zusatzfutter.

In zurückliegenden Zeiten gab es die Empfehlung, die Vögel nur bei einer geschlossenen Schneedecke oder anhaltendem Bodenfrost mit zusätzlichem Futter zu versorgen. Ansonsten reichte schon das Angebot eines reich bestückten Naturgartens sowie der den Garten umgebenden Landschaft mit vielen Frucht tragenden Sträuchern, Bäumen und dem „Beiwerk“, wie Wildstauden und Gräsern. Die wilden Vögel unserer Region fanden bisher immer etwas Nahrhaftes, solange der Boden schneefrei war.

Bei ansteigenden Temperaturen im Frühling kam außerdem ein ausreichendes Angebot an Insekten hinzu, womit auch die Nestlinge versorgt wurden.

Im Prinzip sollte diese Empfehlung auch heute noch genauso Bestand haben, denn an der Ernährung der Vögel hat sich seitdem ja nichts geändert. Auch Insektenfresser steigen im Winter meist auf Pflanzenkost um, wenn das Angebot an Würmchen und anderem Getier langsam versiegt.

Wie bereits oben beschrieben, haben viele Wildtiere, und hier allen voran unsere bunte Singvogelschar, jedoch unter großen Bestandseinbußen zu leiden, was nicht zuletzt an einer Reduzierung ihrer Lebensräume wie auch der Nahrungspflanzen, der Intensivierung der Landwirtschaft sowie einer Veränderung ihrer Arbeitsmethoden und vielem mehr liegt. Siehe hierzu auch auf S. 94 f.

Die Stimmen der Befürworter einer ganzjährigen Vogelfütterung im Garten werden daher immer lauter und auch eindringlicher.

Werfen wir nun kurz einen Blick auf die Pro- und Contra-Argumente einer ganzjährigen oder zumindest weit über den Winter hinausgehenden Vogelfütterung im eigenen Garten:

VÖGEL GANZJÄHRIG IM GARTEN FÜTTERN? WAS SPRICHT DAFÜR UND WAS DAGEGEN?

Pro

- In den Gärten gibt es immer weniger Nährpflanzen, stattdessen mehr Exoten und insgesamt gibt es weniger Insekten. Durch die Zufütterung werden Engpässe in der Nahrungsbeschaffung aufgefangen.
- Spannende Vogelbeobachtungen an den Futterstellen
- Weniger Vögel verhungern im Winter.
- Weniger Jungvögel im Nest verhungern durch Insektenknappheit, da die erwachsenen Vögel für ihre eigene Ernährung vermehrt auf das Zusatzfutter zurückgreifen und für die Jungvögel in der Folge mehr gefangene Insekten übrig bleiben.

Contra

- Abhängigkeit vom zusätzlichen Futterangebot
- Erhöhte Infektionsgefahr an den Futterstellen
- Einseitige Förderung bestimmter Vogelarten
- Wenn man den Vögeln stets ausreichend Nahrung anbietet, werden natürliche Auslesemechanismen außer Kraft gesetzt.
- Überangebot an pflanzlicher Nahrung (speziell im Frühjahr und Sommer, wenn viele Vogelarten überwiegend wieder auf Insekten umgestiegen sind)

Erlenzeisige an der Futterstelle

IM EINZELFALL ENTSCHEIDEN, OB UND WIE LANGE GEFÜTTERT WERDEN SOLL!

Ich selbst habe es nun seit ein paar Jahren ausprobiert und die Vögel in meinem Garten über den Winter hinaus mit zusätzlichem Futter versorgt.

Mein Wohnort befindet sich in einem eher ländlichen Umfeld, umgeben von viel Wald, aber auch landwirtschaftlich genutzten Flächen.

Unter Berücksichtigung aller Vor- und Nachteile (siehe oben) sowie eigener Beobachtungen, bin ich zu folgendem Ergebnis gekommen:

Vögel zufüttern? Ja, in jedem Fall! Ganzjährig? Nicht unbedingt!

Ich möchte meine Entscheidung natürlich auch begründen.

Zum einen musste ich feststellen, dass die vom Menschen gefütterten Wildvögel in der Tat ein wenig fauler werden, was die mühsame Suche nach natürlicher Nahrung betrifft. Man sieht sie doch weit weniger im Laub nach Würmern stochern oder durchs Geäst turnen, wenn der Tisch von uns Menschen rund ums Jahr reich gedeckt ist.

Zum anderen fördert man durch die Versorgung der Vögel mit zusätzlichem Futter jeweils nur ganz spezielle Vogelarten. Viele Arten, wie etwa Dompfaff, Laubsänger oder

Zaunkönig, sind nur sehr selten oder nie an den Futterstellen zu sehen. Diese und weitere Arten fallen demnach aus diesem speziellen menschgemachten Förderprogramm heraus, andere Arten werden dagegen explizit unterstützt.

Dennoch beobachten viele Garteneigentümer – vor allem im Frühjahr! –, dass die brütenden Vögel eine große Not haben, ihre hungrige Vogelschar satt zu bekommen.

Zu deutlich war in den vergangenen Jahren der Rückgang an Insekten gewesen! Welcher Vogelfreund würde also zusehen wollen, wie die Vögel im Garten quasi vor seinen eigenen Augen verhungern?

Amseln gehören zu den häufigen Besuchern von Futterhäuschen und Co.

Was nun speziell die Situation vor Ort in meinem Garten betraf, so konnte ich beobachten, dass etwa ab Mitte Mai, in manchen Jahren auch schon ab Anfang April, kaum noch Meisen und andere Insektenfresser an den Futterstellen zu beobachten waren und diese demnach ihre Jungen und sich selbst ausnahmslos mit frischer Insektenkost ernähren konnten.

Natürlich wurden die Futterstellen weiterhin von unzähligen Spatzen und auch Staren aufgesucht. Ich stellte die Fütterung daher Schritt für Schritt ein, da es einzig und allein die Insektenfresser unter den Vögeln sind, die ich im Frühjahr beobachtet habe, um zu erkennen, ob die vorhandenen Insektenbestände schon ausreichten, die Brut damit großzuziehen.

Es mag jeder für sich selbst entscheiden, wie er in dieser Angelegenheit verfahren möchte. Ich plädiere allerdings dafür, die Nahrungssituation sehr gut im Auge zu behalten, denn eine Fütterung durch den Menschen kann doch immer nur eine Notlösung darstellen und ist demnach auch niemals das Nonplusultra des Vogelschutzes.

So will ich abschließend auch noch einmal betonen, dass nach wie vor die Empfehlung gilt, dass **der beste Vogelschutz ein reich bestückter Naturgarten** ist und wir uns dahingehend auch dafür engagieren könnten, dass die Natur in unserem Wohnumfeld wieder vogelfreundlicher wird, indem man etwa Vogelschutz-Projekte initiiert. Ansprechpartner könnten hier Umweltorganisationen, Bio-Stationen oder andere Naturgarten-Initiativen sein.

Man muss nur den ersten Schritt tun, dann schließen sich recht schnell weitere Natur- und Vogelfreunde an. Und es gilt vor allem im Vogelschutz: Gemeinsam ist man stark und kann weit mehr bewirken als allein in seinem stillen Gärtchen.

Ein Eichelhäher freut sich über die ausgelegten Erdnüsse.

DAS FUTTER: FÜR UNSERE GEFIEDERTEN FREUNDE NUR DAS BESTE!

Es steht wohl außer Frage, dass eine Vogelfütterung in einem gewissen Umfang und unter Berücksichtigung peinlicher Sauberkeit am Futterplatz keineswegs zu verurteilen ist! Gemessen an der eher traurigen Situation, unsere Singvogelpopulationen in Mitteleuropa betreffend, ist es also durchaus sinnvoll, den Vögeln im Winter und ggf. bis in das Frühjahr hinein etwas zusätzliches Futter anzubieten.

Doch was genau sollte gefüttert werden und in welcher Form biete ich die nahrhaften Köstlichkeiten am besten an?

Welche Art von Futter bereitgestellt wird, hat nicht zuletzt mit den vor Ort vorkommenden Vogelarten zu tun.

Schauen wir uns also zunächst an, wie die Ernährung einiger Singvogelarten im Winter aussieht, um daraufhin entscheiden zu können, was von uns angeboten werden kann.

Immer hygienisch und dabei nahrhaft: Sonnenblumenkerne in ihrer natürlichsten Form sollten in keinem Naturgarten fehlen!

Bevorzugtes Winterfutter der am häufigsten an den Futterstellen vorkommenden Singvögel

- **Kohl- und Blaumeise:** Sonnenblumenkerne, gehackte Erdnüsse und andere Nüsse, Fettfutter (Futterknödel)
- **Schwanzmeise:** Fettfutter (Futterknödel), Sonnenblumenkerne
- **Grünfink:** gehackte Nüsse, ölhaltige Samen, Sonnenblumenkerne
- **Buchfink:** gehackte Erdnüsse und andere Nüsse, ölhaltige Samen, Sonnenblumenkerne, Bucheckern
- **Stieglitz (Distelfink):** gehackte Nüsse, ölhaltige Samen, Sonnenblumenkerne, Samen von abgeblühten Wildstauden
- **Amsel, Drossel:** in Fett getränkte Haferflocken, Fallobst, Rosinen und andere getrocknete Beeren, geschälte Sonnenblumenkerne, gehackte Nüsse, Mehlwürmer
- **Eichelhäher:** Erdnüsse, Eicheln, Mais
- **Kleiber:** in Fett getränkte Haferflocken, Sonnenblumenkerne, Haselnüsse, Hanfsamen
- **Buntspecht:** Nüsse, Beeren, ölhaltige Samen
- **Grünspecht:** Fettfutter (Futterknödel) mit Erdnüssen, Mehlwürmern, Äpfel
- **Feld- und Haussperling:** in Fett getränkte Haferflocken, Fettfutter (Futterknödel), Samen, Beeren
- **Rotkehlchen:** gehackte Nüsse, Fettfutter (Futterknödel), Mehlwürmer und andere getrocknete Insekten, Getreideflocken
- **Elstern, Rabenkrähe:** Erdnüsse, Mais, Fettfutter
- **Stare:** in Fett getränkte Getreideflocken, klein gehackte Nüsse, Beeren, Fettfutter (Futterknödel)

In einem reich strukturierten Naturgarten ist der Tisch im Herbst immer reich gedeckt!

DIE WICHTIGSTE REGEL: SAUBERE FUTTERSTELLEN!

Es existieren keine Regeln, wie man das Futter im Garten anbietet, ob man nun eine Futtermischung herstellt und diese lose auslegt, ob man Fettfutter zu Kugeln formt oder Spender für Nüsse und größere Samen aufhängt.

Die erste und wichtigste Regel lautet stets: Auf saubere Futterstellen achten!

Ideal sind daher abwaschbare Flächen aus Kunststoff, Metall oder Glas, die man mindestens wöchentlich oder bei großem Betrieb auch täglich säubern sollte. Darüber hinaus sind Spender zu bevorzugen, wo das Futter hygienisch nachrutschen kann.

Bei einer geschlossenen Schneedecke ist es immer sinnvoll, etwas Futter anzubieten (oben). Praktisch sind Futterspender, wo das Futter hygienisch hinter einem Gitter zur Verfügung steht, wie etwa frische Walnusskerne (unten).

FUTTER AUS EIGENER HERSTELLUNG

Universalmischung

Zutaten

1 kg Haferflocken
80 g Fett, z. B. Kokosfett
200 g Sonnenblumenkerne (geschält und ungeschält)
200 g gehackte Erdnüsse
200 g Rosinen
150 g ölige Samenmischung (Hanf, Gerste, Weizen, Mohn etc.)
40 g getrocknete Mehlwürmer

Das Vogelfutter wird regelmäßig aus frischen Zutaten zubereitet und rasch verbraucht!

Zubereitung

Das Fett auf dem Herd in einem großen Topf oder einer Pfanne schmelzen, aber nicht zu stark erhitzen. Es muss nur flüssig werden. Nun werden die Haferflocken zugegeben und mit dem Fett vermischt, bis das Fett von den Flocken gut aufgesogen wurde. Alle restlichen Zutaten zugeben und mit den Haferflocken vermischen, dann in einen Vorratsbehälter geben und zügig verbrauchen.

Futterknödel (Meisenknödel)

In der Regel bestehen diese Futter- oder auch Meisenknödel genannten Winterfutterergänzungen aus Kokos-, Rinder-, Schafs- oder Schweinefett, dem man Sonnenblumenkerne, Getreideflocken, gehackte Nüsse, Samen und Rosinen beigefügt hat.

An Nüssen können **Erdnüsse, Haselnüsse oder Walnüsse** verwendet werden. Industriell hergestellte Futterknödel werden mit einem grobmaschigen Netz ummantelt im Fachhandel angeboten, sodass sie problemlos einzeln an einem Ast oder einem Haken aufgehängt werden können.

Bei den selbstgemachten Knödeln verzichtet man besser auf das Netz aus Kunststoff, gibt die Knödel stattdessen in spezielle Spender oder füllt mit der Fettmasse kleine Blumentöpfe, die man mit einer Aufhängung versehen hat.

Zutaten

ca. 600 g Fett (Kokosfett, Rinder- oder Schafstalg, Frittierfett)
150 g Sonnenblumenkerne (geschält und ungeschält)
100 g gehackte Nüsse (Erdnüsse, Haselnüsse oder Walnüsse)
150 g kernige Haferflocken
100 g ölhaltige Samen (Mohn, Hanf)
50 g Rosinen
ggf. 40 g getrocknete Mehlwürmer oder andere getrocknete Insekten

HINWEIS!

Das Fett muss unbedingt gehärtet sein. Zu weiches Fett kann das Gefieder der Vögel verschmutzen! Tierische Fette werden generell von Vögeln bevorzugt, da sie eine größere Energiedichte besitzen.

Besser man verwendet keine Meisenknödel in Kunststoffnetzen, wie sie im Handel erhältlich sind. Falls man das doch tun möchte, sollte man die Netze sehr gut an einem Ast befestigen, ggf. sogar verknoten, da die losen Netze eine Gefahr für Tiere, hier vor allem Kleinsäuger, werden können, die sich darin verfangen könnten. Und auch die Umwelt leidet, wenn größere Vögel die losen Netze mitnehmen und sie dann irgendwo für uns unauffindbar „entsorgen".

Zubereitung

Das Fett wird erwärmt, bis es sich verflüssigt hat. Es sollte nicht zu stark erhitzt werden! Nun werden die übrigen Zutaten hinzugegeben und mit dem Fett vermischt. Man lässt die Masse so weit abkühlen, bis man Kugeln aus ihnen formen kann. Diese legt man zum vollständigen Erhärten in den Kühlschrank oder an einen anderen kühlen Ort.

Die Knödel sind nun einsatzbereit!

HINWEIS!

Wird ausnahmslos Talg verwendet, gibt man der Mischung einen Schuss Speiseöl hinzu, das verhindert, dass die fertigen Knödel bröckelig werden!

Alternative zum Futterknödel: die Futterglocke

Wer das Fettfutter einzeln an Äste oder Haken hängen, aber dennoch auf Kunststoffnetze als Ummantelung verzichten möchte, der kann alternativ auch Futterglocken herstellen. Diese haben den weiteren Vorteil, dass das Futter geschützt vor Nässe angeboten werden kann.

Zutaten

Siehe bei den Futterknödeln, S. 130.

Zusätzlich benötigt man

Kleine Blumentöpfe aus Ton oder Kunststoff
alternativ Kokosnussschalen
Kordel
mehrere kleine Stöckchen
Knetmasse

Herstellung

Zunächst wird die Fettmasse auf die gleiche Weise zubereitet, wie schon bei den Futterknödeln beschrieben (siehe S. 130 f.) Man lässt sie dann etwas erkalten, bis die Masse leicht erstarrt, aber noch gießfähig ist.

Vorbereitung des Blumentopfes

Durch das Abflussloch wird von außen nach innen eine Schnur gezogen. An dem Ende der Schnur, das sich später im Topfinneren befindet, wird ein kleines Stöckchen befestigt, damit die Glocke später an der Schnur aufgehängt werden kann.

Nun werden die Töpfe so aufgestellt, dass die Abflusslöcher oben sind, um sie mit Knet-

Das Fett wird bei niedriger Temperatur geschmolzen, die Zutaten dazugegeben und alles gut vermischt. Nun muss die Masse wieder so weit abkühlen, bis sie beginnt, sich zu verfestigen.

masse gut verschließen zu können. Die Töpfe können anschließend umgedreht und mit der Fettmasse befüllt werden. In die Mitte wird ein etwas längeres Stäbchen genau mittig eingesteckt. Dieser Stock sollte ein paar Zentimeter aus der Futterglocke herausschauen. Daran können sich die Meisen und anderen Besucher festhalten, wenn sie sich am Fettfutter laben.

Sind alle Blumentöpfe bis zum Rand aufgefüllt, werden sie zum vollständigen Aushärten an einen kühlen Ort gebracht. Das kann der Kühlschrank, ein sehr kühler Keller, eine Garage oder ein geschützter Ort im Freien sein.

Später wird die Knetmasse wieder entfernt und die Futterglocken können im Garten an Ästen und Haken aufgehängt werden.

HINWEIS!

Anstelle von schweren Tontöpfen, die sich zusätzlich mit Wasser und Fett vollsaugen, können auch die leichteren Pflanztöpfe aus Kunststoff verwendet werden. Damit sinkt das Gesamtgewicht der Futterglocken. Das erleichtert auch das Anbringen an Zweigen und Ästen.

Damit die Futterglocken später an einen Ast gehängt werden können, wird ein Faden an einem kleinen Holzstab befestigt. Anschließend werden die Löcher mit Knetgummi abgedichtet und die Töpfe mit der Fettmasse befüllt. Zum Schluss wird ein etwas längeres Stöckchen in die Mitte der Fettmasse gesteckt!

An kalten Tagen sind Futterglocken mit selbst zubereitetem Fettfutter sehr willkommen!

Statt Futterknödel oder -glocke: ausgestochene Formen

Wer seinen gefiederten Gästen neben Knödeln und Glocken weiteres Fettfutter im Garten anbieten möchte, der darf gerne ein wenig basteln und experimentieren. Eine einfache Methode, die auch mit Kindern gemeinsam in die Tat umgesetzt werden kann, ist die Herstellung von Fettfutter in gewöhnlichen Ausstechformen, wie man sie für die Weihnachtsplätzchen verwendet.

Zutaten
Siehe bei den Futterknödeln, S. 130

Zusätzlich benötigt man
Plätzchen-Ausstechformen
Alufolie

Zubereitung
Zunächst wird die Fettfuttermasse wie bei den Futterknödeln (S. 130 f.) zubereitet. Derweil legt man ein Stück Alufolie auf ein Brett oder Blech und setzt die Ausstechformen dicht nebeneinander darauf.

Man wartet nun so lange, bis die Fettmasse durch Abkühlen halbwegs fest, aber noch streichfähig ist.

Nun wird die Fettmasse in die Ausstechformen gegeben, die Oberfläche glattgestrichen und das Brett/Blech mit den Formen zum vollständigen Erhärten an einen kühlen Ort gestellt.

Zum Aufhängen im Garten kann sehr vorsichtig ein Faden oder eine dünne Kordel mittig durch die Form gezogen werden. Dazu sticht man am besten vorher mit einer dünnen Stricknadel durch die erhärtete Fettmasse hindurch. Ein dünnes Stäbchen, welches man ebenfalls durch die Form hindurchsteckt und an beiden Seiten etwas herausschauen lässt, dient als Landeplatz für hungrige Meisen, die sich hier beim Fressen besser festhalten können.

HINWEIS!

Selbstgemachtes und in Form gebrachtes Fettfutter bitte nicht an warmen Tagen im Garten aufhängen. Damit das Futter seine Form behält, sollten wir es vorwiegend an den kalten Wintertagen mit Temperaturen um oder unter dem Gefrierpunkt anbieten.

Mit Hilfe von Plätzchen-Ausstechformen, die man auf Alufolie setzt, kann, auch gemeinsam mit Kindern, Fettfutter zum Aufhängen gestaltet werden.

Erdnussketten – nahrhafter Gartenschmuck

Wer sich auch über den Eichelhäher in seinem Garten freut, der kann ungeschälte Erdnüsse auf Basteldraht fädeln und mit diesen Ketten in beliebiger Länge seinen Garten verzieren. Neben dem Eichelhäher freuen sich auch Kleiber, Spechte und Meisen über diesen nahrhaften Gartenschmuck.

Das wird benötigt
1 Packung ungeschälte Erdnüsse
1 flaches Brettchen
1 langer Nagel
Basteldraht

ACHTUNG

Keine Brotreste, nichts Salz- oder Zuckerhaltiges, keine gekochten Speisereste und auch keinen Speck oder Ähnliches an die Vögel verfüttern! Das schadet den Tieren und kann im schlimmsten Fall deren Tod bedeuten!

In ein kleines Holzbrettchen wird ein langer Nagel bis zum Anschlag eingeschlagen, dann wird das Brettchen herumgedreht und die Erdnüsse mit Hilfe des Nagels „gelocht". Anschließend fädelt man beliebig viele gelochte Erdnüsse auf einen Basteldraht und verknotet die Enden mit einer Schlaufe.

Die fertigen Erdnussketten sind auch ein wunderschöner Winterschmuck für Koniferen ... aber nur so lange, bis sie von einem Eichelhäher entdeckt werden und dieser die Schalen ruckzuck aufhackt, um an die nahrhaften Nüsse heranzukommen!

GROSSE FUTTER- ODER WASSERSTELLE MIT HERAUSNEHMBAREM EINSATZ AUS KUNSTSTOFF

Wie schön wäre es doch, man hätte für die bunte Vogelschar im Garten eine leicht zu reinigende, hygienisch einwandfreie Futterstelle mit reichlich Platz zum Landen! Und wie praktisch wäre es, wenn man sie noch dazu in einem Baum oder an einem Ständer aufhängen und im Sommer statt Futter etwas Wasser für die Vögel anbieten könnte! Wäre das nicht wunderbar?

Es ist gar nicht besonders kompliziert, sich diesen Vogeltraum in den Garten zu holen, indem man sich entsprechendes Baumaterial besorgt und selbst ein wenig Hand anlegt.

Bauanleitung: Schritt-für-Schritt

Welches Material wird benötigt?

1 massive, quadratische Holzplatte
1 Untersetzer aus Kunststoff
4 Schraubhaken
1 etwa 2 bis 2,50 m lange Kette oder 4 gleich lange Ketten à 40–60 cm
1 Karabiner und 1 S-Haken zum Aufhängen
1 rund 30 cm langer, mit Kunststoff ummantelter Spanndraht
Yacht- oder Bootslack
Pinsel

Welches Werkzeug wird benötigt?

normale Bohrmaschine
Zirkel (z. B. Anreißzirkel oder Ähnliches)
Stichsäge
Seitenschneider, falls die Kette noch zerschnitten werden muss
Schmirgelpapier

Material für eine dekorative Futter- oder Wasserstelle, die man im Garten aufhängen kann

1–2: Auf der Kreislinie wird an einem Punkt ein Loch gebohrt, damit man dort mit der Stichsäge ansetzen kann.

3–4: Die Aussparung für den Plastikeinsatz wird aus der Platte herausgesägt, die Schnittkanten mit einem Schmirgel geglättet.

5: An den vier Ecken wird nun mit einer Bohrmaschine ein Loch vorgebohrt, anschließend werden die vier Schraubhaken eingedreht.

6: Nun wird die Holzplatte mit Yachtlack mindestens in zwei Schichten lackiert.
Sobald der Lack getrocknet ist, werden die vier Abschnitte der Kette mit einem Seitenschneider auf eine gleiche Länge gebracht. Das kann 40 Zentimeter sein oder auch 60 Zentimeter, je nachdem, wie tief die Tränke hängen soll.

7: Mit einem dicken, mit Kunststoff ummantelten Draht wird ein stärkerer Ast mehrmals umwickelt, dann das Ende zu einem Haken umgebogen, sodass der S-Haken eingehängt werden kann.

8: Die vier losen Enden der Ketten werden mit einem Karabinerhaken zusammengehalten, dieser wiederum wird in den S-Haken eingehängt.
Wenn die vier Kettenabschnitte alle gleich lang sind, sollte die Tränke nun horizontal ausgerichtet sein. Wasser oder an kalten Tagen wahlweise Vogelfutter kann eingefüllt werden.

Eine selbst gebaute Futter- oder Wasserstelle ist eine Zierde für jeden Garten.

GEFAHR FÜR GRÜNFINKEN IN DEN SOMMERMONATEN!

In den Sommermonaten lauert eine nicht zu unterschätzende Gefahr für alle Grünfinken in unseren Gärten!

Der einzellige Erreger *Trichomonas gallinae* infiziert vor allem Grünfinken, sodass europaweit jährlich bis zu 100.000 von ihnen an der Infektion sterben. Erstmals im Sommer 2009 wurde das Grünfinkensterben in Mitteleuropa beobachtet. Seither tritt die Krankheit in jedem Sommer wieder auf, sobald die Temperaturen anhaltend sommerlich hoch sind. Als Ansteckungsherde gelten vor allem die Wasserstellen im Garten. Von hier aus breitet sich die Infektion rasend schnell aus.

Für uns Gärtner gilt, die Situation in unseren Gärten gut im Auge zu behalten. Sobald ein apathisch wirkender oder bereits verendeter Vogel beobachtet wird, gilt die Regel, alle Wasser- wie auch Futterstellen aus dem Garten zu entfernen.

Selbst die tägliche Reinigung oder Neubefüllung der Vogeltränken kann die Vögel nicht vor Ansteckung schützen!

Bei sommerlich warmen Temperaturen kann der Erreger bis zu 24 Stunden überleben!

Auch die Fütterung der Vögel sollte umgehend eingestellt werden, um die weitere Verbreitung des Erregers zu stoppen!

Infizierte Tiere erkennt man an folgenden Merkmalen

- Schaumiger Speichel
- Großer Durst
- Furchtlosigkeit

Eine Ansteckungsgefahr für den Menschen oder für Haustiere besteht nicht!

Auch scheinen andere Vogelarten wesentlich unempfindlicher auf den Erreger zu reagieren, sodass bisher vorwiegend nur Grünfinken betroffen sind.

Gesunder Grünfink an einer Futterstelle. Den Grünfinken zuliebe sollte man im Sommer bei Temperaturen von 24 °C und mehr keine offenen Futterstellen betreiben!

GREIFVÖGEL UND EULEN: KÖNNEN WIR AUCH IM HAUSGARTEN MIT IHNEN RECHNEN?

Zur Gruppe der Greifvögel (*Accipitriformes*) und Eulen (*Strigimormes*) gehören in Europa, Nordafrika und Vorderasien insgesamt 61 Arten.

Da die stattlichen Jäger in der Nahrungskette recht weit oben angesiedelt sind, erfüllen sie wichtige regulierende Funktionen im Naturkreislauf. Zu ihren Beutetieren zählen kleine Säugetiere, Vögel, Amphibien und Reptilien.

Einige von ihnen ernähren sich zusätzlich von Aas. Auch Regenwürmer stehen bei etlichen Greifvögeln auf der Speiseliste. Es versteht sich von selbst, dass wir Greifvögel und Eulen auch in unserem Naturgarten willkommen heißen.

Natürlich können wir in einem Stadtgarten nicht unbedingt mit dem Auftreten besonders vieler und seltener Beutegreifer, wie diese Vögel ebenfalls genannt werden, rechnen.

Doch sind es immer wieder besonders aufregende Erlebnisse, wenn uns Mitglieder dieser beiden Tiergruppen an unserem Wohnort begegnen.

In Gärten oder Parks mit sehr altem Baumbestand kommt es häufiger vor, dass ein Waldkauz in einer großen Baumhöhle oder einem von uns angebrachten Kasten nistet. Oder wir sichten – wie in einem Schrebergarten am Ortsrand von Köln geschehen – Jungvögel der Waldohreule, deren Eltern einen alten Krähenhorst für ihre Brut genutzt hatten.

Ein Naturerlebnis der Extraklasse ist die Sichtung einer jungen Waldohreule im Garten.

Auch Turmfalken nisten gelegentlich in sehr hohen Bäumen in der Nähe der Menschen. Sie bauen ihr Nest, wie auch Adler und Bussarde, selbst, indem sie Reisig und kleine Äste zusammentragen und damit ihren „Horst“ gestalten.

Unheimlich erscheint es immer noch vielen Menschen, wenn des Nachts ganz unterschiedliche Rufe von Eulen erklingen. Dabei sollte dies doch eher ein Grund zur Freude sein, da die meisten Eulenarten ebenfalls von Bestandsrückgängen betroffen sind. Auf Portalen im Internet kann man sich die Rufe und Schreie von Eulen sowie von vielen anderen Vögeln anhören, sodass man die nächtlichen Gäste auf Grund ihrer Rufe und Schreie eindeutig bestimmen kann.

Wie überrascht war ich, als ich an meinem neuen Wohnort im Bergischen Land (NRW, Deutschland) den Ruf einer Eule, der mehrfach aus einer uralten Tanne in unserem Garten erschallte, zweifelsfrei als den Ruf eines Uhus identifizierte. Zu Gesicht habe ich Europas größte Eulenart zwar noch nicht bekommen, aber allein der Gedanke, dass dieses stattliche Tier so nah bei uns Menschen lebt, ist doch überaus spannend.

GREIFVOGELSCHUTZ

In eher ländlich gelegenen Gärten lohnt es sich mitunter, einen alten Schuppen oder einen unbewohnten Dachstuhl für Eulen herzurichten, indem man beispielsweise hinter einer Maueröffnung einen großen Kasten für Schleiereulen installiert.

Ein großer Nistkorb oder ein Eulenkasten sind ebenfalls gute Investitionen, wenn sie in alten, hohen Bäumen angebracht werden. Waldohreulen, wie auch der Uhu, nisten im Freien. Sie nutzen gerne ein vorhandenes, altes Nest. Der Uhu legt seine Eier bisweilen auf den nackten Stein eines Felsvorsprungs.

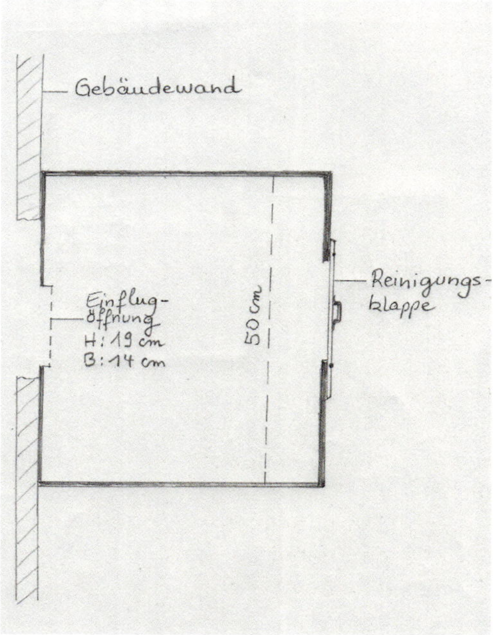

Sind Öffnungen an einer Gebäudewand vorhanden, so kann von der Gebäude-Innenseite her ein Kasten für Schleiereulen angebracht werden. Über eine abnehmbare Reinigungsklappe wird der Kasten nach beendeter Brut inspiziert und gesäubert.

WAS KÖNNEN WIR FÜR DIESE BEIDEN TIERGRUPPEN IN UNSEREM GARTEN TUN?

Können wir im Hausgarten überhaupt etwas für Eulen oder Greifvögel tun?

Was man nie vergessen darf – gerade auch beim Schutz von größeren Wildtieren –, ist, dass es doch im Grunde immer wieder darauf hinausläuft, das „Große Ganze" nicht aus dem Blick zu verlieren. Eine Art hängt von der anderen ab. So nisten etwa Waldohreulen sehr gerne in verlassenen Krähenhorsten. Man hilft demnach vielen bedrohten Arten, indem man auch die häufiger vorkommenden Arten, wie etwa Krähen und Elstern, im Garten duldet.

In einem funktionierenden Biotop wird man immer eine recht hohe Artenzahl beobachten und meist helfen wir der Tierwelt am ehesten durch unsere Toleranz. Dies gilt im Besonderen auch für die schon vorhandenen Elemente in unserem Gartenumfeld: Erhalten wir alte Bäume, so sie vorhanden sind, wie auch alte Gebäude, locken wir eine Vielzahl recht interessanter Tierarten in unsere Nähe.

Da die meisten Greifvögel ein recht großes Jagdrevier besitzen, können wir auch dann noch etwas für deren Förderung tun, wenn wir erstens keine hohen Bäume im Garten ha-

Der Sperber ergreift gerne Singvögel. Man sollte ihn dennoch nicht verteufeln, denn auch er ist ein Regulator im Artengefüge und richtet keinen nennenswerten Schaden bei den Singvogelbeständen an!

ben und zweitens auch keinen alten Schuppen oder einen leerstehenden Dachstuhl besitzen, daher keine Nistmöglichkeiten für Eulen oder Greifvögel vorhanden sind.

Wenn ein wenig Platz vorhanden ist, könnten wir beispielsweise einen hohen **Ansitz für Greifvögel und Eulen** aufstellen!

Dieser dient den Beutegreifern als sicherer und bequemer Platz, sowohl zum Fressen als auch als Unterstützung bei der Jagd. Dieser hohe Sitzplatz ersetzt dann quasi einen alten, hohen Baum mit senkrecht stehenden Ästen, die immer gerne als Lande- oder Schlafplatz dienen.

Mit etwas Glück findet man gelegentlich ein Gewölle unterhalb des Ansitzes und könnte es zuhause, vielleicht gemeinsam mit Kindern, untersuchen.

In einem Gewölle werden unverdauliche Reste der Beutetiere von Eulen und Greifvögeln, wie Fellreste, Federn und Knochen, in einem Klumpen herausgewürgt. Es sagt etwas darüber aus, welche Tiere erbeutet worden sind, und gibt manchmal auch Auskunft über die im Garten vorkommenden Arten an Greifvögeln und Eulen.

Bauanleitung: Ansitz für Greifvögel und Eulen

An Material wird benötigt: 1 Pfosten von mindestens 3 m Länge, 1 dazu passende Bodenhülse, Rundholz in 1,80 m Länge mit einem Durchmesser von 4–5 cm und lange Schrauben. Das Rundholz wird wie folgt zugeschnitten: 1 m dient später als Sitzstange, zwei angeschrägte Stützhölzer als Diagonalverstrebungen. Es werden ausreichend lange Schrauben zum Befestigen benötigt.

Die Sitzstange wird mit zwei langen Schrauben am Pfosten befestigt, anschließend werden die Diagonalverstrebungen, die man zuvor schräg angeschnitten hat, angeschraubt

Die Bodenhülse wird in den Boden geschlagen, der Pfosten eingesetzt und sicher verschraubt. Als Standort wird idealerweise ein Platz gewählt, der aus westlicher Richtung frei angeflogen werden kann.

IGEL UND ANDERE KLEINSÄUGER IM GARTEN FÖRDERN

Nicht nur die Begegnungen mit Vögeln und Insekten bescheren uns schöne Momente im Garten. Ein Naturgarten bietet uns weitere spannende Erlebnisse mit Tieren. Wenn wir es mögen, können wir ganz bewusst deren Ansiedlung vor unserer Haustür fördern. Jede wilde Pflanze, jedes im Garten vorhandene Versteck und jede weitere bewusst oder auch unbewusst von uns durchgeführte Naturschutzmaßnahme lockt immer wieder neue Besucher in den Garten. Manchmal muss man ein wenig Geduld haben, bis sich Igel, Fledermaus oder Mauswiesel zeigen. Beinahe jedes neu angesiedelte Tier ist eine Bereicherung im Naturgartengefüge. Selbst einer Mäuseplage können wir gelassen entgegenblicken, wenn wir wissen, dass die Fressfeinde, wie Mäusebussard, Ringelnatter oder Mauswiesel, in unmittelbarer Nähe sind.

Darüber freut sich jeder Gärtner: Ein Igel kommt zu Besuch!

Wenn es ums Fressen geht, sind Igel nicht gerade schüchtern. Manchmal vertreiben sie sogar Hund oder Katze vom Futternapf.

DER IGEL: EIN IMMER GERN GESEHENER GAST IM GARTEN

Igel sind wahre Sympathieträger. Jeder hätte sie gerne im eigenen Garten. Gründe dafür, einen Igel als Untermieter zu haben, gibt es viele.

Manch einem gefällt vielleicht seine niedliche Stupsnase unter dem borstigen Stachelkleid, ein anderer erfreut sich an seinem zutraulichen Wesen und ein Dritter schwört auf Igel als zuverlässige Schneckenvertilger. Igel ernähren sich überwiegend von Insekten. Würmer und Weichtiere, wie Schnecken aller Arten, stehen ebenfalls auf ihrer Speisekarte.

Sie verschmähen aber auch süßes Obst nicht.

Häufig ertappt man sie dabei, wie sie an Hunde- oder Katzennäpfen naschen, wobei unsere Haustiere keine Chance gegen das stachelige Outfit des kleinen Futterdiebes haben. Weit mehr Lob erhalten sie von uns Gärtnern, wenn sie sich über Nacktschnecken hermachen.

In jedem Fall macht es Sinn wie auch Freude, den Igeln in unserem Garten eine Wohnung anzubieten.

Wer keine Lust auf handwerkliche Meisterwerke hat, der schichtet einfach viele Äste zu einem großen Haufen auf und schon ist ein idealer Unterschlupf für Igel und viele andere tierische Gäste entstanden! Dickere

Stämme, die man vor allem im unteren Bereich des Asthaufens unterbringt, sorgen für ausreichend große Hohlräume.

Wer seinen Igeln jedoch eine richtige kleine Behausung anbieten möchte, der muss ebenfalls kein Handwerker sein, denn die stacheligen Gartenbewohner sind nicht besonders anspruchsvoll, was die Ausstattung der Unterkunft betrifft. Damit die Behausung zur Igelburg und der stachelige Burgherr und sein Burgfräulein zu Dauergästen im Garten werden, sollten drei Punkte beim Bau beachtet werden:

1. Trocken, also mit dichtem Dach
2. Geschützt vor Fressfeinden
3. Ein ruhiger Platz im Garten

Eine Burg für den Igel – selbst gebaut

Als Baumaterial für einen soliden Unterschlupf für einen oder auch mehrere Igel sehr geeignet sind geformte Ziegel- oder Betonsteine.

Die Dachplatte sollte aus einem Stück bestehen, damit es im Inneren der Behausung schön trocken bleibt. Eine Größe von 50 x 80 Zentimetern wäre ideal.

HINWEIS

Aufgebaut werden die Igelhäuser an einem ruhigen, schattigen Platz im Garten, etwa unter einer Hecke oder am Fuße eines Baumes. Die Behausungen sollten immer gut getarnt und gedämmt werden. Hierzu eignen sich Grassoden, Laub, trockenes Moos, Rindenstücke, kleine Äste und vieles mehr.

Nachdem ein ruhiger Ort im Garten gefunden wurde (links oben), kann der Grundriss der Igelburg schon vorab provisorisch auf der Dachplatte ausprobiert werden. Dann sieht man gleich, ob die Größe der Behausung zur Größe des Daches passt (rechts oben). Im vorderen Bereich, also gleich hinter dem Eingang, wird ein Stein quer eingesetzt, damit die Höhle sozusagen über einen kleinen Umweg betreten werden kann. Diese Maßnahme hält Feinde wirksam davon ab, die Höhle zu entdecken. Nun werden die Steine am endgültigen Standort der Burg möglichst ebenerdig aufgestellt (links)!

Ist die erste Steinreihe hochkant aufgestellt worden, so reicht es von der Höhe her, wenn man die zweite Steinreihe plan darübersetzt, damit ein erwachsener Igel bequem darin überwintern kann. Zu hohe Innenräume sind ebenso zu vermeiden wie eine zu niedrige Deckenhöhe! Nun wird das Dach aufgesetzt (links oben). Blickt man nun von vorne auf den Eingang der Höhle, so sieht man nur diese kleine Zwischenwand. Die eigentliche Höhle ist von außen nicht erkennbar (rechts oben)! Damit aus dem „Flachdachbungalow" eine richtige Burg wird, kann nun mit allerhand organischem Material gedämmt und getarnt werden. Hierzu eignen sich umgedrehte Grassoden, trockenes Laub, Grasschnitt, Rindenstücke, Äste und vieles mehr (links).

Eine gut getarnte „Igelburg" lässt sich in jeden Garten integrieren.

FLEDERMÄUSE: DIE JÄGER DER NACHT!

Die Zeiten, als eine Fledermaus im Garten ein böses Omen darstellte, sind hoffentlich endgültig vorbei! Die liebenswerten Kleinsäuger sind für den Menschen völlig ungefährlich und die Tatsache, dass sie vor allem nachts munter werden, sollte den aufgeklärten Naturfreund auch nicht sonderlich erschrecken, sondern eher faszinieren.

In weiten Teilen Asiens sind Fledermäuse gar ein Glückssymbol. Davon zeugt das chinesische Wort „Fu“, welches sowohl Fledermaus als auch Glück bedeutet.

Von den weltweit vorkommenden rund 900 Arten an Fledermäusen und Flughunden haben sich bei uns in Europa lediglich rund 30 Fledermausarten angesiedelt. Das liegt nicht zuletzt an dem kühleren Klima hierzulande, denn Fledermäuse und Flughunde mögen es am liebsten warm und sonnig. Das ist auch der Grund dafür, dass **Fledermauskästen oftmals dunkel eingefärbt** sind und **in Richtung Süden** angebracht werden sollten.

Fledermäuse sind die einzigen flugfähigen Säugetiere. Anatomisch gesehen fliegen sie mit ihren Händen.

Einige von ihnen erreichen ein geradezu biblisches Alter von bis zu 30 Jahren.

Fledermäuse gibt es schon seit 50 Millionen Jahren auf der Erde. Das ist viel Zeit, in der sich die geflügelten Säugetiere vielfältige, ökologische Nischen erobert haben. Dennoch sind gerade Fledermäuse von

Tagsüber bekommt man Fledermäuse eher selten zu Gesicht. Sollte sich eine Fledermaus dennoch zeigen und wirkt das Tier geschwächt, so wäre die erste Hilfsmaßnahme immer, dem Tier etwas Wasser mit einer Pipette anzubieten.

immensen Bestandsrückgängen betroffen, was nicht zuletzt an der Zerstörung ihrer Lebensräume liegt.

Es sollte einem Jeden einleuchten, dass die Förderung von Fledermäusen sinnvoll ist, denn sie erfüllen die wichtige Aufgabe der Insektenjagd bei Nacht, wenn Vögel und andere tagaktive Insektenfresser schlafen. Sie sind demnach wichtige Regulatoren im Artengefüge der Natur.

Fördern können wir Fledermäuse, indem wir möglichst viele Pflanzen für Nachtfalter im Garten dulden oder sie gezielt anbauen und zudem Unterschlupfmöglichkeiten für den Tag anbieten.

Eine komplizierte Angelegenheit: die Quartiersuche

Bei der Quartiersuche sind Fledermäuse recht wählerisch, denn sie unterscheiden zwischen Tages-, Zwischen-, Wochenstuben-, Paarungs- und Winterquartieren. Das mag sich nun furchtbar kompliziert anhören, doch dürfen wir uns im Hausgarten bei unseren Fördermaßnahmen für Fledermäuse, (neben den Pflanzen, siehe S. 157) zunächst auf die Sommerquartiere konzentrieren.

Winterquartiere sind meist Orte, an denen sich während der kalten Wintermonate recht viele Fledermäuse in einem frostfreien Umfeld zusammentun, um ungestört die Winterruhe zu überstehen. Das größte europäische Winterquartier befindet sich in Westpolen. In einem rund 50 Meter unter der Erde gelegenen Bunkersystem überwintern hier rund 12 Fledermausarten mit einer Anzahl von rund 10.000 Individuen.

Sommerquartiere – individuell nutzbar

Es gibt ortstreue Fledermausarten, wie die Zwergfledermaus, die sommers wie winters am gleichen Ort, etwa in einer alten Kirche, lebt, wo die Tiere verschiedene Quartiere beziehen.

Andere Arten legen bis zu 1.000 km zurück, um von ihren Winterquartieren zu den Sommerquartieren zu gelangen. Auf ihrer langen Wanderung beziehen sie so genannte Zwischenquartiere. Am Ziel angekommen findet alsbald die Paarung statt, wozu wiederum ein neues Quartier, das so genannte Paarungsquartier, aufgesucht wird. In einem etwas größeren Quartier, dem so genannten Wochenstubenquartier, ziehen nicht selten mehrere Weibchen gemeinsam ihre Jungen groß, während die Männchen in dieser Zeit in ihren Tagesquartieren leben. Bei Zwergfledermaus und Abendsegler etwa bilden sich teils recht große Männchengesellschaften.

Es ist daher durchaus sinnvoll, wenn wir gleich mehrere Fledermausbehausungen im Garten anbringen. Der Fachhandel bietet schöne Lösungen an, die jedoch auch ihren Preis haben.

Allzu schwierig ist auch ein Selbstbau nicht, daher wird nachfolgend eine einfache Bauanleitung Schritt für Schritt vorgestellt. Von den fertigen Behausungen können natürlich auch gleich mehrere im Garten oder am Haus angebracht werden.

Die Fledermäuse in Ihrem Umfeld wird es mit Sicherheit freuen!

Bau einer einfachen Fledermausbehausung aus Siebdruckplatten

Mit relativ wenig Aufwand ist eine einfache Fledermausbehausung für den Sommer gezimmert. Wir haben uns als Baumaterial für Siebdruckplatten entschieden, da diese vollständig wasser- und damit auch wetterfest sind.

Siebdruckplatten werden in jedem Baumarkt angeboten und können normalerweise auch dort zugeschnitten werden. Diesen Service bieten die meisten Baumärkte kostenlos an. Somit wäre der Zuschnitt schon erledigt und viel Arbeit gespart.

Die Vorarbeiten

(ggf. vor Ort im Baumarkt zuschneiden lassen)
Siebdruckplatten in mindestens 9 mm Stärke werden in den folgenden Größen zugeschnitten:
1 Stück in 25 x 40 cm (Rückwand)
1 Stück in 25 x 33 cm (Vorderseite)
1 Stück in 12 x 30 cm (Dach)
2 Stück in 10 x 33 cm (Seitenteile): Diese beiden Teile müssen dann noch nach oben hin verjüngt, also vom Bauherrn selbst zugeschnitten werden, da die Baumärkte oder der Holzfachhandel nur rechteckige Teile aussägen.
Die fertigen Seitenteile sollten dann unten rund 10 cm und oben unter dem Dach eine Breite von 8 cm haben.
1 Leiste
ggf. einfaches Holzbrettchen ca. 6 x 25 cm für den Einflugspalt

Weiterhin werden zum Auskleiden des Innenraums **flache Rindenstücke** benötigt, die auf die Siebdruckplatten aufgeschraubt werden.

HINWEIS

Wer keine Rinde zum Auskleiden des Fledermauskastens verwenden möchte, der kann die Oberflächen auch mit einer Fräse oder mit grobkörnigem Schleifpapier (mind. 60er-Körnung) bearbeiten

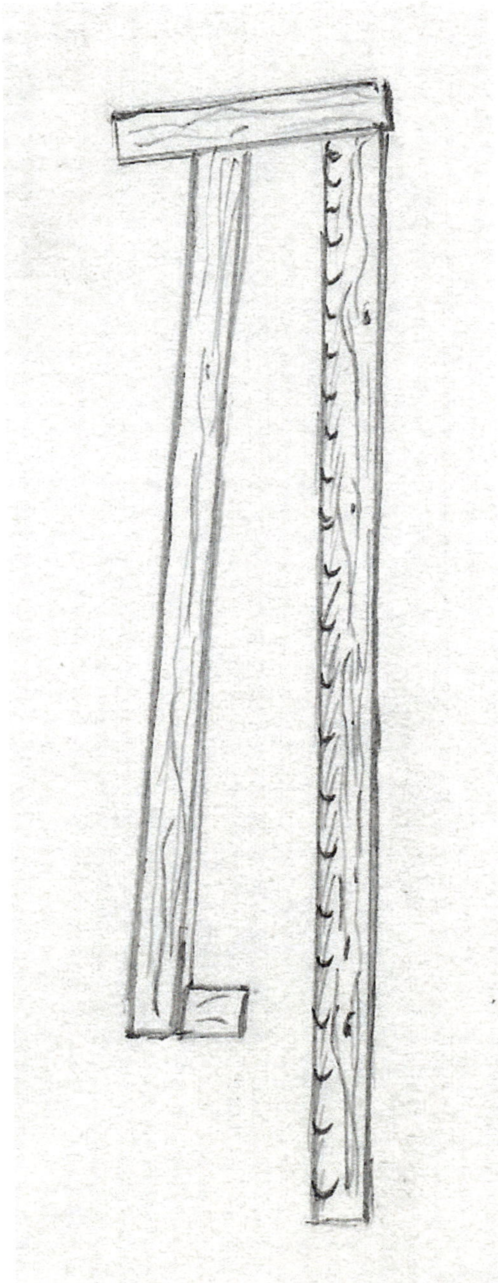

Querschnitt (Seitenansicht) des Fledermauskastens (ohne Rindenauskleidung)

Bauanleitung: Schritt für Schritt

Die rechteckigen Bauteile wurden im Baumarkt zugeschnitten. Lediglich die beiden Seitenteile müssen noch auf Gehrung gesägt werden. Dabei hilfreich ist ein einstellbarer Anschlagwinkel (oben). Damit können beide Teile spiegelverkehrt zugeschnitten werden. Die jeweils rauen Seiten der Siebdruckplatten sollten alle nach innen zeigen, denn sie erleichtern den Fledermäusen das Festhalten.

BEGRIFFSERKLÄRUNG: Was bedeutet „Gehrung"?

Will man zwei längliche Werkteile über Eck miteinander verbinden, müssen diese schräg angeschnitten werden. Bei einem Winkel von 90 °, wie man es bei den Leisten eines Bilderrahmens vorfindet, beträgt die „Gehrung" 45° auf jeder Seite. In diesem Winkel werden die Leisten jeweils angeschrägt, damit eine ansehnliche wie auch stabile Eckverbindung entsteht.

Zunächst werden die Seitenteile aufgeschraubt, anschließend das Dach, sodass es nach vorne hin ein wenig übersteht (links).

Flache Rindenstücke werden für den Innenraum in Form gebracht, sodass sie mit flachen Schrauben an der Rückwand und ggf. an den Seitenwänden befestigt werden können (Mitte).

Nun wird die Vorderwand aufgeschraubt und der Kasten ist nun schon fast perfekt (rechts).

Nun wird die Breite des Einflugspalts gemessen. Zwischen Rinde und Vorderseite sollten gerade mal 2 Zentimeter Platz sein, damit der Kasten nicht von Vögeln oder anderem Getier bewohnt wird. Die Leiste muss gegebenenfalls nochmal neu zugeschnitten werden, damit die Einflugbreite stimmt.

Von der Seite her wird diese Leiste nun mit jeweils zwei Schrauben befestigt

Nun werden seitlich im oberen Bereich, also knapp unterhalb des Daches, kleine Haken eingeschraubt, um den Fledermauskasten an einem Baum befestigen zu können. Als Befestigungsmaterial haben wir uns für reißfeste Baumanbinder entschieden, da das Material weich und flach ist und somit nicht so rasch in die Rinde des Baumes einwachsen kann. Dennoch sollte man einmal im Jahr nachschauen, ob die Befestigung des Fledermauskastens noch sicher und der Baum unbeschädigt ist!

Mit einer langen Leiter wird nun der Kasten an einer Astgabel angebracht. Das sollte in einer Höhe von mindestens 3 m geschehen. Damit der Kasten sicher hängt, kann man die Vorderseite mit zwei kurzen Schrauben an der Rinde des Baumes fixieren. Solange die Schrauben nur die Rinde durchbohren und nicht ins Kernholz dringen, nimmt der Baum normalerweise keinen Schaden davon!

HINWEIS

Fledermauskästen oder -höhlen werden an hohen Bäumen oder Hausfassaden angebracht. Sie dürfen sonnig und nach Süden gerichtet sein. Wichtig ist ein freier Anflug! Sind etwa störende Äste in der Nähe der Einflugöffnung vorhanden, so sollte man diese entfernen!

Oft reicht Fledermäusen eine aufgeraute Oberfläche, um sich zum Schlafen festzuhalten.

BETÖRENDE DÜFTE IM NÄCHTLICHEN GARTEN

Alle bei uns heimischen Fledermausarten ernähren sich von nachtaktiven Insekten, hier vor allem von Nachtfaltern und Käfern. Wer hätte gewusst, dass die meisten bei uns vorkommenden Schmetterlinge nachtaktiv sind?

Doch während Tagfalter von den bunt leuchtenden Blüten im sommerlichen Garten angelockt werden, funktioniert dieser „Lockruf" der Pflanzen im Dunkel der Nacht mittels Blütenduft. So verströmen die wichtigsten Pflanzen für Nachtfalter demnach auch den intensivsten Duft. Wir schlagen daher gleich zwei Fliegen mit einer Klappe, wenn wir die Pflanzen für Nachtfalter in unsere Gärten holen, indem wir schon am Abend den betörenden Duft von Nachtviole, Phlox oder Seifenkraut genießen können und gleichzeitig wissen, dass der Tisch für die nächtlichen Jäger reich gedeckt sein wird.

Pflanzen für Nachtfalter

- Blutweiderich (*Lythrum salicaria*)
- Borretsch (*Borago officinalis*)
- Echtes Seifenkraut (*Saponaria officinalis*)
- Königskerzen-Arten (*Verbascum ssp.*)
- Nachtkerze (*Oenothera biennis*)
- Nachtviole (*Hesperis matronalis*)
- Nickendes Leimkraut (*Silene nutans*)
- Gelbe Balkan-Nelke (*Dianthus knappii*)
- Weiße Lichtnelke (*Silene latifolia*)
- Rote Lichtnelke (*Silene dioica*)
- Staudenphlox (*Phlox paniculata*)
- Waldgeißblatt (*Lonicera periclymenum*)
- Gemeine Wegwarte (*Cichorium intybus*)
- Einjährige Duftlevkoje (*Matthiola incana*)
- Waldhyazinthen (*Hyacinthoides non-scripta*)
- Türkenbundlilie (*Lilium martagon*)
- Wildrosen-Arten (*Rosa ssp.*)
- Ziertabak (*Nicotiana x sanderae*)

HINWEIS! Ein giftfreier Garten ist für alle Fledermäuse überlebenswichtig!

Als reine Insektenfresser sind Fledermäuse auf ausreichend Beutetiere in ihrem Lebensraum angewiesen. Haben wir lästigen Insekten mit der chemischen Keule den Garaus gemacht, müssen Fledermäuse entweder hungern oder sie erbeuten vergiftete Tiere, die ihnen stark schaden, wenn nicht gar ihren Tod bedeuten. Wer Fledermäuse im Garten hat oder sie ansiedeln möchte, muss daher unbedingt auf jeglichen Einsatz von Schädlings- oder Pflanzenbekämpfungsmitteln verzichten!!

Die Nachtkerze (links), Königskerzen (Mitte) und die Gemeine Wegwarte (rechts) gehören zu den Nachtfalterpflanzen.

WEITERE KLEINSÄUGER IM GARTEN FÖRDERN

Je größer und reich strukturierter ein Garten ist, desto mehr Tiere können sich in ihm ansiedeln! Neben Fledermäusen, die vor allem auch größere Wasser- oder Wiesenflächen lieben, oder Igeln, die ein dichtes Unterholz bevorzugen, entzücken uns außerdem die scheuen und eher seltenen Kleinsäugetiere, wie etwa Mauswiesel, die hübsch gestreifte Brandmaus, der pelzige Siebenschläfer oder die nützliche Spitzmaus. Eine spezielle Förderung einer einzigen Art gibt es nicht. Sie lassen sich dort nieder, wo sie ein ruhiges Versteck und ausreichend Nahrung vorfinden.

So liebt das Mauswiesel große Stapel an aufgeschichtetem Brennholz ganz besonders. Diese Holzstapel werden in den Sommermonaten in der Regel von uns in Ruhe gelassen, sodass viele Tiere dort eine störungsfreie Unterkunft finden können. Dazu sollte man das Brennholz jedoch in einer eher ruhigen Gartenecke aufgestapelt haben.

Die haselnussbraune Brandmaus mit dem auffälligen dunklen Rückenstreifen zieht sich gelegentlich in einen alten Vogelnistkasten zurück. Dazu sollte er allerdings nicht zu hoch hängen. Es macht also durchaus Sinn, ein paar alte, geräumige Nistkästen in Bodennähe bzw. im Geäst einer Hecke anzubieten. Höher gelegene Vogelkästen werden manchmal auch von Siebenschläfern oder Eichhörnchen als Behausung gewählt. Dazu sollte das Eingangsloch jedoch nicht zu klein sein! Lochgrößen ab 50 mm sind ideal.

Zusammenfassend lassen sich bestimmten Lebensräumen folgende mögliche Bewohner zuordnen:
Holz-, Reisig- und Laubhaufen: Rötelmaus, Feldmaus, Waldmaus, Mauswiesel, Spitzmaus, Igel
Baumhöhlen, Nistkästen: Siebenschläfer, Eichhörnchen, Brandmaus
Unter Hecken: Rötelmaus, Waldmaus, Igel, Brandmaus, Spitzmaus
Kompost: Spitzmaus, Igel

Auch so ein trauriger Anblick gehört mitunter zu einem Naturgarten. Ein Mauswiesel wurde in der Nacht Opfer eines Räubers.

Was für eine Überraschung beim Inspizieren der Vogelkästen im Herbst: Ein Siebenschläfer hat es sich hier gemütlich gemacht. Er darf selbstverständlich bleiben!

AMPHIBIEN IM GARTEN: EINE FEUCHT-WARME ANGELEGENHEIT

Als **Amphibien** oder **Lurche** werden Landwirbeltiere bezeichnet, die sich, mit Ausnahme des Alpensalamanders, nur in Gewässern fortpflanzen können.

Aus einem im Wasser abgelegten Ei schlüpft eine Larve, welche eine Metamorphose durchläuft, sodass am Ende ein erwachsenes Individuum entsteht, welches durch Lungenatmung auch außerhalb des Gewässers lebensfähig ist.

Zu den bei uns heimischen Amphibien zählen Salamander, Kröten, Frösche, Molche und Unken. Von weltweit über 7.000 Amphibienarten kommen nur rund 90 Arten auf dem europäischen Kontinent vor. Das liegt vorwiegend an den weit zurückliegenden zeitweisen Vergletscherungen Zentraleuropas und der Hochgebirge im Zeitalter des Pleistozäns, welches vor etwa 2,5 Millionen Jahren begann und etwa vor 11.700 Jahren endete.

Während der verschiedenen Kaltzeiten wurden die Amphibien insgesamt aus Europa zurückgedrängt. In Warmzeiten kamen einige Arten wieder bis in die Mitte des europäischen Kontinents. Sie nutzten für ihr Vordringen so genannte orographische Pforten zwischen den Gebirgszügen, die wie ein Korridor wirkten. Bis heute existieren daher besonders viele Amphibienarten auf der Iberischen Halbinsel und in Frankreich, in den Gegenden also, die damals als Ausbreitungskorridor während der Warmphasen dienten.

Das Leben der Amphibien ist zwar recht eng an das im Frühjahr aufgesuchte Laichgewässer gebunden, doch leben die Tiere während des restlichen Jahres außerhalb des Wassers, sodass sie auf einen für die Insektenjagd tauglichen Lebensraum angewiesen sind. Amphibien ernähren sich hauptsächlich von Würmern, Schnecken, Insekten und anderen Gliedertieren. In unseren Gärten übernehmen sie die Funktion von biologischen Schädlingsbekämpfern.

Eine Jungkröte auf der Suche nach einem geeigneten Lebensraum, der möglichst viele Versteckmöglichkeiten wie auch naturnahe Jagdreviere bieten sollte.

Durch die zunehmende Zerstörung und damit Verringerung ihrer Lebensräume sind die Bestände von Amphibien stark zurückgegangen.

Praktisch alle Amphibienarten haben es heutzutage schwer. Die Gründe dafür liegen nicht zuletzt an der rückläufigen Anzahl an natürlichen Gewässern, welche in manchen Regionen in den letzten 50 Jahren um bis zu 80 Prozent abgenommen hat. Ein weiteres Problem liegt auch in der Reduzierung sowie der Zerstückelung ihrer Lebensräume durch den Straßenbau.

Liegt eine Straße auf dem Weg zum Laichgewässer, wird diese für die wandernden Tiere zur tödlichen Falle. Vielerorts sieht man daher so genannte „Krötenzäune“, die von engagierten Tierschützern entlang von Straßen aufgebaut werden. Hier werden die Tiere am Überqueren der Straße gehindert. Sie fallen in einen Eimer hinein und werden dann auf der anderen Seite der Straße wieder ausgesetzt.

WIE SIEHT DER AMPHIBIENFREUNDLICHE GARTEN AUS?

Wilde Ecken im Garten, die noch dazu wenig oder gar nicht begangen werden, locken die Tiere auch dann noch in unsere Nähe, wenn wir selbst keinen Gartenteich besitzen. Es reicht schon der Teich beim Nachbarn oder ein natürliches Gewässer im näheren Umfeld, um sich auf Amphibienbesuch im Garten freuen zu dürfen.

Bietet der eigene Garten ausreichend ruhige, dabei **nicht zu trockene Versteckmöglichkeiten,** kommen die Lurche gerne zu Besuch.

Diese gut genährte Kröte verbringt die Tage liebend gerne im feucht-warmen Milieu eines Komposthaufens.

Der **Kompost** ist etwa solch ein Platz, an dem man nicht selten eine dicke Kröte findet, die sich tagsüber hier wohlfühlt, oder einen Salamander, der gerne unter dicken Laubschichten ruht.

Wollen wir die schützenswerte Tiergruppe der Amphibien im Garten fördern, lässt sich zusammenfassend sagen, dass wir Feuchtgebiete, wie nasse Wiesen, schattige Hecken, Waldstücke, Raine, Teiche und Tümpel, sowie tiefe Gräben erhalten sollten. Mit etwas Engagement gestalten wir gar den Garten ein wenig um, damit sich Amphibien in ihm wohl fühlen.

Das Highlight für Lurche: der Gartenteich

Jedem Grundstückseigentümer mit einem Faible für den Artenschutz sei es ausdrücklich empfohlen, ein oder mehrere Gewässer – falls noch nicht vorhanden – in seinem Garten einzurichten. Naturnah sollten die Gartenteiche gestaltet sein und nach Möglichkeit auch frei von Fischbesatz.

Das Einsetzen von Amphibien ist nicht notwendig, denn die Tiere kommen von alleine!

Nicht selten wird der kleine Teich im Garten zu ihrem neuen und sicheren Laichplatz. Sicher vor allem auch in Bezug auf ihre Wanderungen im zeitigen Frühjahr. Wenn alles nah beieinander liegt, also das Laichgewässer und ein ausreichend großer Lebensraum für Kröte, Molch und Co., sind die Überlebenschancen für unsere schönen und schützenswerten Amphibien am größten!

Pfützen im Garten: unschön oder nützlich?

Es gibt tatsächlich einige besonders bedrohte Amphibienarten, wie etwa die Gelbbauchunke oder die Kreuzkröte, die in Bezug auf die Größe ihres Laichgewässers ausgesprochen bescheiden sind.

Gibt es irgendwo sumpfig-nasse Fahrspuren, bewachsene, wasserstauende Gräben oder größere Pfützen, so fühlen sie sich in diesem Gebiet wohl. Beherzt nutzen sie die Gunst des Augenblicks und laichen in den temporären Wasserstellen ab, in der Hoffnung, dass ihr Nachwuchs noch vor dem Austrocknen des feuchten Grabens oder der mit Wasser gefüllten Spurrille so weit entwickelt ist, dass er den „Lebensraum Wasser“ noch gerade rechtzeitig als fertig entwickelter Lungenatmer verlassen kann.

ACHTUNG!

Den Amphibien zuliebe sollten wir auf den Einsatz von Kunstdünger und jeder Art von Gift im Garten verzichten!

Auch die meisten Molche kommen nur zum Ablaichen in den Gartenteich.

Nach dem Ablaichen suchen Molche feuchte Verstecke an Land auf und fühlen sich daher in einem leicht verwilderten Garten am wohlsten!

Während der Paarungszeit im Frühjahr lebt der Teichfrosch (*Rana esculenta*) mitunter gesellig. Er liebt sonnige Plätze im und am Gewässer und kommt in Europa noch recht häufig vor.

REPTILIEN IM GARTEN

Zwar sind Reptilien aus wissenschaftlicher Sicht keine eigene Tiergruppe, doch spricht man traditionell von Reptilien bei ganz bestimmten Landwirbeltieren, die sich auf Grund ihrer Morphologie und Physiologie ähneln.

Um ein Tier als Reptil zu bezeichnen, müsste es folgende Merkmale aufweisen:

- Es besitzt eine trockene, schleimlose, drüsenarme Haut, die aus Hornschuppen besteht.
- Es ist ein wechselwarmes Wirbeltier.
- Es legt Eier.
- Es weist einen echsenartigen Habitus auf, verfügt entweder über einen langen Schwanz und läuft im Spreizgang auf vier Beinen
- oder aber es besitzt einen beinlosen langgestreckten Körper, wie es bei den Schlangen der Fall ist.
- Es unterscheidet sich von Vögeln und Säugetieren durch das gänzliche Fehlen von Federn oder Haaren.

Das Paarungsritual bei Zauneidechsen schaut auf den ersten Blick etwas ruppig aus!

GRÜSSE AUS DER URZEIT

Schon seit über 315 Millionen Jahren besiedeln Reptilien die Erde. Viele von ihnen erinnern uns von ihrem Habitus her an längst ausgestorbene Saurier. Charakteristisch für alle Echsen ist ihr Spreizgang. Diese Fortbewegungsart benutzten bereits die Vorgänger der Reptilien. Vor allem beim Betrachten der heute noch vorkommenden besonders großen Echsen fühlt man sich daher in Urzeiten zurückversetzt.

Doch sind die in Europa vorkommenden Reptilien weit winziger als etwa der in Indonesien vorkommende Komodowaran, der mit 2,60 m Länge die größte Echse der Welt ist.

Der naturverliebte Gärtner freut sich vor allem über Eidechsen im Garten.
In Mitteleuropa kommen vor allem Zauneidechse (*Lacerta agilis*) und Mauereidechse (*Podarcis muralis*) vor. Seltener sieht man die Östliche Smaragdeidechse (*Lacerta viridis*), die Waldeidechse (*Zootoca vivipara*) oder die Kroatische Gebirgseidechse (*Iberolacerta horvathi*).

Selbstverständlich sind alle Reptilien als Nützlinge im Garten einzuordnen. Sie gehen fleißig auf Insektenjagd und ihr Erscheinen adelt jeden Garten als ein schützenswertes Biotop!

WELCHE FUNKTION HABEN SONNENBÄDER?

Schauen wir uns zunächst das bevorzugte Umfeld der hübschen Eidechsen an, so fällt auf, dass sie sich gerne auf Felsen oder größeren Steinen sonnen. Das liegt zum einen daran, dass Reptilien zu den wechselwarmen Tieren gehören, die auf Wärme von außen angewiesen sind, um ihre Körperfunktionen aufrecht zu erhalten. Nun haben Wissenschaftler jedoch herausgefunden, dass ein Sonnenbad die Tiere zusätzlich vor einem Vitamin-D-Mangel schützt.

Scheinbar messen sie ihren körpereigenen Vitamin-D-Wert mittels eines Rezeptors im Gehirn. Somit wissen sie instinktiv, wie viel Sonne sie tanken müssen.

Ein Zauneidechsenpaar beim Sonnenbad

WIE SIEHT DER REPTILIENFREUNDLICHE GARTEN AUS?

Wie wir nun wissen, lieben Eidechsen die Wärme von Steinen und Felsen.

Sie sind daher die natürlichen Bewohner von Steinbrüchen, Kiesgruben, Bahndämmen und natürlich von jeder Form von Steinmauern.

Eine besondere Beliebtheit bei allen Reptilien genießen die mit Lücken und Spalten versehenen Trockenmauern.

Eine oder mehrere **Trockenmauern** im Garten sind daher ein Highlight bei der Reptilienförderung, explizit von Eidechsen, die sich hier besonders gerne aufhalten. Natürlich sollte die Mauer an einer besonnten Stelle im Garten stehen, um für Eidechsen attraktiv zu sein.

Eidechsen lieben Trockenmauern. Vielleicht lockt die Echse aus Eisen ihre lebendigen Artgenossen schon bald an?

Wer sich die Mühe des Trockenmauerbaus nicht machen möchte, der kann auch einfach nur Steine an einer sonnigen Stelle im Garten auf einen Haufen legen. So ein **Steinhaufen** sollte mindestens aus einem Dutzend Natur-Bruchsteinen bestehen, damit ausreichend Versteckmöglichkeiten wie auch Sonnenplätze entstehen.

Ersatzweise kann man auch aus trockenen **Baumstümpfen** einen Lebensraum für Eidechsen und andere Reptilien erschaffen. Dieser sollte ebenfalls in einem trockenen und sonnigen Bereich des Gartens errichtet werden.

Eine Kombination aus Stein und Holz ist natürlich ebenfalls erlaubt und lässt hübsche Kreationen zu, die neben ihrer Nützlichkeit für Eidechsen oder Schlangen auch optisch ein Hingucker im Garten werden können.

Die Steinpyramide: beliebter Tummelplatz für nützliche Eidechsen

Wer noch einen Rest an gesammelten Steinen im Garten hat, der kann sie dekorativ zu einer Pyramide aufschichten und schon wäre ein Luxushotel für sonnenhungrige Eidechsen entstanden. Vielleicht legt hier auch eine Ringelnatter oder eine Blindschleiche ihre Eier ab, wenn die Lücken im Mauerwerk der Pyramide ausreichend groß sind.

Beim Aufstapeln geht man in etwa wie beim Bau einer Trockenmauer vor. Man beginnt unten mit den schwersten Steinen, vermeidet Kreuzfugen und füllt das Innere der Pyramide mit sandigem Erdreich und Split oder Schotter auf. Auch ein paar größere Steine oder Ziegel im Kern sorgen für eine stabile Basis der Steinpyramide.

Anstatt eines mit Steinen umrandeten Beetes soll an dieser Stelle eine attraktive Pyramide für Eidechsen aufgebaut werden (links).

Die gesammelten Steine werden sortiert und griffbereit auf den Boden gelegt, sodass man beim Aufschichten schnell einen passenden Stein findet (Mitte).

Die Pyramide wird in ihrem Inneren mit sandhaltigem Substrat sowie kleinen Steinen, Ziegeln oder Schutt aufgefüllt. Auch ein paar größere Steine dürfen eingesetzt werden, da sie für Stabilität sorgen (rechts).

Die fertige Pyramide darf ruhig über einige größere Lücken verfügen, solange die Statik nicht gefährdet ist. So finden Eidechsen rasch Gefallen an dem neuen Wohnort!

GESUCHT WIRD: ATTRAKTIVES JAGDREVIER IN SONNIGER LAGE!

Steinige Sonnenplätze sowie ausreichend viele Versteckmöglichkeiten sind nun im Garten vorhanden. Damit sich die wunderschönen Eidechsen jedoch dauerhaft im Garten ansiedeln, benötigen sie außerdem angemessen große Bereiche, um auf die Jagd gehen zu können. Diese Areale sollten sich durch einen eher niedrigen, wie auch lückenhaften Bewuchs auszeichnen. Das erleichtert die Fortbewegung, wie auch die Jagd der kleinen Echsen. Außerdem erwärmt sich der Boden leichter, wenn die Sonnenstrahlen ihn zum Teil ungehindert erreichen können. Ein recht hoher Sandanteil ist hier von Bedeutung. Dadurch bleibt der Bewuchs meist schon von alleine eher spärlich und lückenhaft.

Die Eidechsen legen dann hier am Boden ihre Eier ab und lassen sie durch die Sonne ausbrüten!

Diese sandigen **Wärmeinseln im Garten,** zusätzlich dekoriert mit ein paar trockenen Baumstümpfen oder einem Findling, geben dem Garten viel Flair und machen ihn außerdem zu einem wahren Paradies für Reptilien!

In diesem Garten fühlen sich Eidechsen seit über 40 Jahren wohl, was nicht zuletzt am sandigen Boden wie auch der lückenhaften Bepflanzung liegt!

FÜR EINEN GUT GEDECKTEN TISCH SORGEN!

Doch was nützte der schönste Lesesteinhaufen, die höchste Steinpyramide und ein oder gar mehrere sandige Areale für die Jagd, wenn hungrige Eidechsen hier kein Futter finden!

Auf der Speisekarte der Eidechsen stehen Schnecken, Regenwürmer, Heuschrecken, Zikaden, Käfer und ihre Larven, Ameisen, Asseln und vieles mehr!

Erst ein naturnah gestalteter und bepflanzter Garten mit üppigen Wildstauden, artenreichen Blühstreifen, niedrigen Polsterstauden und wilden Kräutern zieht auch entsprechende Tiere an, die von den wendigen Eidechsen erbeutet werden!

Ein gut erreichbarer **Komposthaufen** ist ebenfalls ein wertvoller Bestandteil des Reptiliengartens. Dieser sollte nicht aus einer geschlossenen Kunststoffbox bestehen, sondern entweder lose aufgeschichtet oder mit Holz oder Metallleisten eingerahmt sein, sodass hier ein bequemes Hineinkommen gewährleistet ist.

Eine männliche Zauneidechse (*Lacerta agilis*) hat eine Kellerassel erbeutet.

ACHTUNG!

Wer viele Eidechsen im Garten hat, sollte bei der Gartenarbeit generell recht vorsichtig zu Werke gehen. Gerade in den kühleren Morgenstunden sind Eidechsen meist noch etwas langsam in ihren Bewegungen und können daher recht schnell von uns verletzt oder gar zertreten werden!

KEINE ANGST VOR SCHLANGEN!

Wie kaum eine andere Tiergruppe flößen Schlangen recht vielen Menschen eine mehr oder weniger große Angst ein. Sicher ist es die verborgene Lebensweise der Schlangen wie auch die Giftigkeit vieler Arten, die zu Vorbehalten allen Schlangen gegenüber geführt haben. Dabei sind es doch nur rund ein Fünftel der weltweit rund 3.000 vorkommenden Arten, die tatsächlich giftig sind. Die meisten von ihnen findet man in den Schlangenhotspots Australien und im Regenwald. Die meisten in Europa vorkommenden Arten sind dagegen absolut ungefährlich.

In Europa haben wir es insgesamt mit nur zwei Schlangenfamilien zu tun: *Colubridae* (Nattern) und *Viperidae*. Zur Familie der *Viperidae* gehören sowohl Vipern als auch Ottern.

Giftige Arten gibt es nur bei Vipern und Ottern!

Unterscheidungsmerkmale von Nattern und Vipern

	Natter	Viper/Otter
Augen	runde Pupillen zwischen Auge und Oberlippenschildern (Hornschuppen) keine weiteren Schilder vorhanden	senkrecht geschlitzte Pupillen zwischen Auge und Oberlippenschildern ist eine weitere Hornschuppenreihe vorhanden
Körperbau	schlanke, lange Körperform Schwanzspitze lang und spitz zulaufend	eher stämmige, kurze Körperform Schwanzspitze eher kurz und rund
Kopf	Kopf geht fließend in den Körper über	Kopf v-förmig und deutlich vom Körper abgesetzt

In Mitteleuropa häufig vorkommende Schlangen

Nattern

- Zornnatter
- Ringelnatter
- Äskulapnatter
- Vipernnatter
- Würfelnatter
- Schlingnatter

Die am häufigsten in Mitteleuropa vorkommende Giftschlange ist die Kreuzotter! Deren Gift ist extrem stark. Dennoch kommt es nur selten zu Todesfällen nach einem Biss, was daran liegt, dass die Schlange jeweils nur eine geringe Menge Gift abgibt. Tödlich wäre diese Dosis lediglich bei Kleinkindern oder sehr alten und/oder immunschwachen Personen. Dennoch sollte man sich vor den Schlangen in Acht nehmen und sie weder berühren noch provozieren.

Vipern/Ottern

- Kreuzotter
- Hornotter (Sandviper)
- Wiesenotter
- Aspisviper
- Juraviper

Durch Aufstampfen auf den Boden kann man eine Schlange am besten vertreiben.

Wurde man gebissen und ist nicht sicher, welche Schlangenart hier zugegen war, kann man am Abdruck des Bisses sehen, ob es sich bei dem Angreifer um eine giftige oder ungiftige Schlange gehandelt hatte. Eine ungiftige Schlange beißt mit dem ganzen Kiefer zu, der dann auch auf der Haut abgebildet ist, eine Giftschlange nur mit einem oder zwei ihrer Giftzähne!

Ringelnattern lieben das Wasser. Hier gehen sie gerne auf die Jagd. Zu ihren Beutetieren gehören Frösche, Kaulquappen und sogar Fische.

DARÜBER DÜRFEN SICH NATURGÄRTNER FREUEN: DIE RINGELNATTER KOMMT ZU BESUCH!

Entdecken wir eine Ringelnatter im Garten, so gehört dieses Erlebnis sicher mit zu den schönsten, die Naturgärtner in ihrem grünen Reich machen können. Die wohl häufigste Schlange Mitteleuropas ist absolut ungefährlich. Aber sie ist sehr wählerisch, was ihren Lebensraum betrifft. Am liebsten sind ihr naturnah gestaltete, ruhig gelegene Gärten mit großem Teich, denn Ringelnattern sind ausgezeichnete Schwimmer! Sie jagen auch im Wasser und es stehen daher auch Fische, Molche und Frösche auf ihrem Speiseplan. Das sollte uns Gärtner aber nicht erschrecken, denn die jagende Natter signalisiert uns, dass in unserem Garten die Welt (= Natur) noch in Ordnung ist.

Zu streng geordnete oder gar penibel aufgeräumte Gärten oder gar Gift, egal welcher Art, werden von Ringelnattern verabscheut! Die scheue Schlange ist daher ein Indikator für ein gut funktionierendes Gartenbiotop!

SICHERHEIT FÜR WILDTIERE IM GARTEN

Nach umfangreichen Um- und Neugestaltungen im Nützlingsgarten kommen nun stetig neue und immer mehr Tiere in den Garten. Spannende Beobachtungen und Erlebnisse mit Tieren sind also gewiss.

Leider bleibt es nicht immer aus, dass Wildtiere im Garten verunglücken.

Alle Gärtner sollten daher gewisse Sicherheitsvorkehrungen treffen und dabei vor allem folgende Stellen inspizieren und im Auge behalten:

- **Schächte aller Arten**: Schutzgitter oder Ausstiegshilfe anbringen.
- **Wasserbehälter**: Abdeckung oder sichere Ausstiegshilfe
- **Futterstellen**: freie Sicht rund um die Futterstelle, damit sich Katzen nicht verstecken und anschleichen können.
- **Kunststoffnetze**: Meisenknödel ohne Netze in spezielle Behälter füllen.
- **Vogelschutznetze und andere Netze**: Jeden Tag kontrollieren, ob sich Tiere darin verfangen haben. Die Enden der Netze nicht lose auf dem Boden aufliegen lassen, ggf. mit Hilfe von Seilen und Heringen etwas spannen
- **Farben, Lacke, Dünger u. Ä.**: Keine Behälter mit Farben, Lacken, Düngern und anderem für Tiere giftigen Inhalt offen stehen lassen. Immer alles gut verschließen!
- **Türen, Garagentore etc.**: **Türen von Schuppen, Garagen etc. sollten nicht länger offen** stehenbleiben, da sonst Tiere hineingelangen, die dann nach dem Verschließen unentdeckt bleiben und nicht mehr hinauskommen.
- **Fensterscheiben:** Größere Fensterflächen sollte man durch Aufkleber, Jalousien oder spezielle Folien sichern, damit keine Vögel dagegen fliegen können.

Kohlmeisen kommen noch überall und zahlreich in unseren Gärten vor. Jeder kann etwas dafür tun, dass es so bleibt.

ANHANG

WEITERFÜHRENDE LITERATUR

„Die Vernetzung von Lebensräumen mit Feldhecken“, Hermann Benjes, Natur- und Umwelt-Verlag, 3. Auflage, 1991

„Wildpflanzen für jeden Garten“, Reinhard Witt, BLV Verlagsgesellschaft mbH, 1. Auflage, 1995

„Natur für jeden Garten“, Reinhard Witt, Eigenverlag, 3. Auflage, 2018

„Der neue Kosmos Vogelführer“, Svensson, Grant, Mullarney, Zetterström, Kosmos-Verlag, 1999

„Reptilien und Amphibien Europas“, Kwet, Kosmos-Verlag, 4. Auflage, 2015

„Ein Garten für Schmetterlinge“, Reinhard Witt, Kosmos-Verlag, 2001

„Die Fledermäuse Europas“, Christian Dietz, Andreas Kiefer, Kosmos-Verlag, 1. Auflage, 2020

„Schneckenalarm – so machen Sie Ihren Garten zur schneckenberuhigten Zone“, Sofie Meys, pala-Verlag, 5. Auflage, 2016

„Trockenmauern: Bauanleitungen, Lebensräume und Bepflanzung“, Sofie Meys, Leopold Stocker Verlag, 1. Auflage, 2019

„Deko aus Beton“, Sofie Meys, Leopold Stocker Verlag, 3. Auflage, 2020

„Das Hochbeet: Für Gemüse, Blumen und Kräuter“, Sofie Meys, Leopold Stocker Verlag, 5. Auflage, 2021

„Senkrecht Gärtnern“, Sofie Meys, Leopold Stocker Verlag, 1. Auflage, 2018

BEZUGSQUELLEN FÜR WILDTIERFUTTER

Paul's Mühle
Inhaber: Christof Paul e. K.
Westring 2
45659 Recklinghausen
Deutschland
Email: info@pauls-muehle.de

Vivara
Kaiserswerther Strasse 115
40880 Ratingen
Deutschland
E-Mail: info@vivara.de
Internet: www.vivara.de

Alles für Vögel & andere Wildtiere
Hoezo-Kado v. o. f.
Ruitersweg Oost 3
5384 SN Heesch
Niederlande
Fon: +31 (0)412 45 04 06
E-Mail: info@allesfuervoegel.de
Internet: www.allesfuervoegel.de

Josef Leimüller GmbH
Mühlgasse 12
5202 Neumarkt am Wallersee
Österreich
Fon: +43 (0) 6216 5234
E-Mail: office@leimueller.info
Internet: www.leimueller.info

Sügemi
Südthüringer Getreide- und Mischfutter GmbH
Tachbacher Str. 5a
98660 Themar
Deutschland
Fon: + 49-(0) 36873/259-30
E-Mail: info@futtertrend.de
Internet: www.futtertrend.de

Lyra Pet GmbH
Geschäftsführer: Michael Preiß
Kirchengraben 7
72458 Albstadt
Deutschland
Fon: +49-(0) **7431 - 602 913 0**
E-mail: info@lyra-pet.de
Internet: www.lyra-pet.de

SCHWEGLER Vogel- u. Naturschutzprodukte GmbH
Heinkelstr. 35
73614 Schorndorf
Deutschland
Telefon: +49 (0)7181 97745 0
Telefax: +49 (0)7181 97745 49
E-Mail: info@schwegler-natur.de

VOGELSTIMMEN

https://www.deutsche-vogelstimmen.de

Aus unserem Programm

ISBN 978-3-7020-1351-6

ISBN 978-3-7020-1782-8

ISBN 978-3-7020-1720-0

ISBN 978-3-7020-1408-7

ISBN 978-3-7020-1452-0

ISBN 978-3-7020-1652-4

Leopold Stocker Verlag
Graz – Stuttgart
www.stocker-verlag.com